W0255459

W. I. Steudel, C. B. Lumenta
und N. Klug (Hrsg.)

Evozierte Potentiale im Verlauf

Mit 68 Abbildungen

Springer-Verlag
Berlin Heidelberg New York
London Paris Tokyo Hong Kong
Barcelona Budapest

Prof. Dr. W. I. STEUDEL
Geschäftsführender Direktor
der Neurochirurgischen Universitätsklinik
W-6650 Homburg/Saar
Bundesrepublik Deutschland

Prof. Dr. C. B. LUMENTA
Chefarzt der Neurochirurgischen Klinik,
Städtisches Krankenhaus München-Bogenhausen
Englschalkinger Straße 77
W-8000 München 81
Bundesrepublik Deutschland

Prof. Dr. N. KLUG
Direktor der Neurochirgurgischen Universitätsklinik
Joseph-Stelzmann-Straße 9, W-5000 Köln 41 (Lindenthal)
Bundesrepublik Deutschland

ISBN-13:978-3-642-77773-8   e-ISBN-13:978-3-642-7772-1
DOI: 10.1007/978-3-642-77772-1

Die Deutsche Bibliothek – CIP-Einheitsaufnahme
Evozierte Potentiale im Verlauf / W. I. Steudel ...(Hrsg.). – Berlin, Heidelberg, New
York; London; Paris; Tokyo; Hong Kong; Barcelona; Budapest: Springer 1993
  ISBN-13:978-3-642-77773-8
  NE: Steudel, Wolf-Ingo [Hrsg.].

Satz: Fa. M. Masson-Scheurer, W-6654 Kirkel

25/3130-5 4 3 2 1 0 – Gedruckt auf säurefreiem Papier

Vorwort

Systemische Verlaufsuntersuchungen erfordern ein Höchstmaß an Organisationstalent und Disziplin bei dem Untersucher und dem Patienten. In dem vorliegenden Buch werden die Ergebnisse klinischer Verlaufsuntersuchungen mit evozierten Potentialen von verschiedenen Arbeitsgruppen zusammengestellt. Hierbei wurden spinale Prozesse, supra- und infratentorielle raumfordernde Prozesse, zerebro-vaskuläre Erkrankungen, das Koma und der Hirntod berücksichtigt. Von besonderem Interesse ist für uns der Einfluß operativer Maßnahmen auf die Wiederherstellung bestimmter neurologischer Funktionen und die Objektivierung klinischer Befunde durch diese elektrophysiologischen Methoden sowohl beim Erwachsenen als auch bei dem noch in Reifung befindlichen System bei Kindern. An den Anfang haben wir einen Beitrag gestellt, der Lösungsmöglichkeiten für die unerläßliche statistische Auswertung aufzeigt.

Diese Zusammenstellung verschiedener Arbeitsgruppen soll einen Überblick über den Stand der Möglichkeiten der evozierten Potentiale in der Verlaufsbeobachtung geben und die Frage der Quantifizierung neurologischer Befunde klären. Es ist wichtig, diese Methoden hinsichtlich des Ausmaßes und des zeitlichen Ablaufes der Erholungsfähigkeit und der Wiederherstellung von neurologischen Funktionsausfällen zu überprüfen. Hiermit können wir einen Einblick in die Regeneration nervöser Strukturen gewinnen.

Januar 1993

W. I. STEUDEL, Homburg/Saar
C. B. LUMENTA, München
N. KLUG, Köln

Abkürzungen

AEP	Akustisch evozierte Potentiale
BAEP	Frühe akustisch evozierte Potentiale
BR	Blinkreflex
BWK	Brustwirbelkörper
CM	Zervikale Myelopathie
CMCT	Zentrale motorische Überleitungszeit
CSCT	Zentrale sensible Überleitungszeit
CT	Computertomographie
CZ	Elektrodenposition im 10/20er System
EMG	Elektromyogramm
EP	Evozierte Potentiale
FZ	Elektrodenposition im 10/20er System
GR	Glabellareflex
HWK	Halswirbelkörper
ICP	Intrakranieller Druck
IPL	Inter peak latency = Zwischengipfelzeit
L1	Bezeichnung für den 1. Lendenwirbelkörper
MCA	A. cerebri media
MEP	Motorisch evozierte Potentiale
MERG	Musterelektroretinogramm
MR	Masseterreflex
MRT	Magnetresonanztomographie
ms	Millisekunden
MS	Multiple Sklerose
M-SEP	Medianus-somatosensorisch evozierte Potentiale
MVEP	Muster visuell evozierte Potentiale
MW	Mittelwert
Myelo-CT	Computertomographie nach Myelographie
N1	Bezeichnung für (1.) Gipfel mit negativer Phase
N20	Bezeichnung für negativen Gipfel mit der Latenz 20 ms
P1	Bezeichnung für (1.) Gipfel mit positiver Phase
PTA	Puretoneaverage
SAB	Subarachnoidalblutung
SEP	Somato-sensorisch evozierte Potentiale
SD	Standard deviation = Standardabweichung
SHT	Schädel-Hirn-Trauma
TCD	Transkranielle Dopplersonographie
T-SEP	Tibialis-somato-sensorisch evozierte Potentiale
VEP	Visuell evozierte Potentiale

Inhaltsverzeichnis

Längsschnittuntersuchungen bei supra- und infratentoriellen raumfordernden Prozessen

Zerebrovaskuläre Erkrankungen

Koma und Hirntod

Verzeichnis der Erstautoren

Prof. Dr. K. ABT
Abteilung für Biomathematik,
Klinikum der Johann-Wolfgang-Goethe-Universität,
Theodor-Stern-Kai 7, W-6000 Frankfurt 71,
Bundesrepublik Deutschland

Dr. R. BOOR
Kinderklinik und Kinder-Poliklinik
der Johannes-Gutenberg-Universität,
Langenbeckstraße 1, W-6500 Mainz, Bundesrepublik Deutschland

Dr. R. BURGER
Neurochirurgische Universitätsklinik
im Kopfklinikum der Universität
W-8700 Würzburg, Bundesrepublik Deutschland

Dr. L. CHRISTANTE
Abteilung für Neurochirurgie, Universitätskrankenhaus Eppendorf,
Martinistraße 52, W-2000 Hamburg 20, Bundesrepublik Deutschland

Dr. A. DAUCH
Klinik und Poliklinik für Neurochirurgie,
Zentrum für operative Medizin I der Universität,
Baldinger Straße, W-3550 Marburg, Bundesrepublik Deutschland

Dr. K. DWORSCHAK
Neurologische Kliniken der Städtischen Kliniken,
Heidelberger Landstraße 376, W-6100 Darmstadt,
Bundesrepublik Deutschland

Dr. A. FELDGES
Neurochirurgische Klinik und Poliklinik, Universitätsklinikum Essen,
Hufelandstraße 55, W-4300 Essen 1, Bundesrepublik Deutschland

Priv.-Doz. Dr. R. FIRSCHING
Klinik für Neurochirurgie der Universität Köln,
Joseph-Stelzmann-Straße 9, W-5000 41, Bundesrepublik Deutschland

Prof. Dr. W. F. HAUPT
Klinik für Neurochirurgie der Universität Köln,
Joseph-Stelzmann-Straße 9, W-5000 Köln 41,
Bundesrepublik Deutschland

Dr. J. HERDMANN
Neurochirurgische Klinik der Heinrich-Heine-Universität,
Moorenstraße 5, W-4000 Düsseldorf 1, Bundesrepublik Deutschland

Prof. Dr. N. KLUG
Direktor der Neurochirurgischen Universitätsklinik Köln,
Joseph-Stelzmann-Straße 9, W-5000 Köln 41,
Bundesrepublik Deutschland

Dr. R. KRAUS
Neurochirurgische Universitätsklinik,
Klinikstraße 29, W-6300 Gießen, Bundesrepublik Deutschland

Dr. F. KRETH
Abteilung für Stereotaxie und Neuronuklearmedizin,
Neurochirurgische Universitätsklinik,
Hugstetter Straße 55, W-7800 Freiburg, Bundesrepublik Deutschland

ST. KÖPKE
Neurochirurgische Universitätsklinik
der Johann-Wolfgang-Goethe-Universität,
Schleusenweg 2–16, W-6000 Frankfurt 71,
Bundesrepublik Deutschland

Priv.-Doz. Dr. R. LAUMER
Neurochirurgische Universitätsklinik,
Schwabachanlage 6, W-8520 Erlangen, Bundesrepublik Deutschland

M. LORENZ
Neurochirurgische Universitätsklinik,
Medizinische Hochschule Hannover,
Konstanty-Gutschow-Straße 8, W-3000 Hannover 61,
Bundesrepublik Deutschland

Dr. R. G. LORENZ
Max-Planck-Institut für Physiologische und Klinische Forschung,
W-6350 Bad Nauheim, Bundesrepublik Deutschland

Dr. H. MASUR
Klinik und Poliklinik für Neurologie der Universität,
Albert-Schweitzer-Straße 33, W-4400 Münster,
Bundesrepublik Deutschland

Dr. B. MEYER
Neurochirurgische Klinik, Städtische Kliniken
Zu den Rehwiesen 9, W-4100 Duisburg,
Bundesrepublik Deutschland

Dr. ULRIKE NEIRICH
Abteilung für Pädiatrische Neurologie,
Klinikum der Johann-Wolfgang-Goethe-Universität,
Theodor-Stern-Kai 7, W-6000 Frankfurt, Bundesrepublik Deutschland

Dr. C. NIMSKY
Neurochirurgische Klinik der Universität Erlangen,
Schwabachanlage 6, W-8520 Erlangen, Bundesrepublik Deutschland

Dr. IRIS REUTER
Neurochirurgische Universitätsklinik,
Klinikstraße 29, W-6300 Gießen, Bundesrepublik Deutschland

Dr. V. ROHDE
Abteilung für Neurochirurgie, Klinikum Schnarrenberg,
Hoppe-Seyler Straße 3, W-7400 Tübingen,
Bundesrepublik Deutschland

Dr. C. STRAUSS
Neurochirurgische Klinik der Universität Erlangen,
Schwabachanlage 6, W-8520 Erlangen, Bundesrepublik Deutschland

Dr. M. STROWITZKI
Neurochirurgische Universitätsklinik,
W-6650 Homburg/Saar, Bundesrepublik Deutschland

Dr. W. v. TEMPELHOFF
Neurochirurgische Klinik der Heinrich-Heine-Universität Düsseldorf,
Moorenstraße 5, W-4000 Düsseldorf, Bundesrepublik Deutschland

Prof. Dr. H. E. VITZTHUM
Neurochirurgische Universitätsklinik,
Johannisallee 34, O-7010 Leipzig, Bundesrepublik Deutschland

Dr. H. WIEDEMAYER
Neurochirurgische Universitätsklinik Essen,
Hufelandstraße 55, W-4300 Essen 1, Bundesrepublik Deutschland

Prof. Dr. J. ZENTNER
Neurochirurgische Universitätsklinik,
Sigmund-Freud-Straße 25, W-5300 Bonn 1,
Bundesrepublik Deutschland

Statistische Aspekte

1 Statistische Aspekte der Trendanalyse zur simultanen Verlaufskontrolle mehrerer Variablen beim Einzelpatienten am Beispiel evozierter Potentiale

K. Abt

Einleitung

Die immer wiederkehrende Frage des Klinikers „Wie kann ich den Verlauf des Patientenzustandes während oder nach einer therapeutischen Maßnahme objektiv beurteilen?" wirft erhebliche Probleme statistischer Natur auf. Hierbei handelt es sich zunächst um die Beurteilung eines einzelnen Patienten und nicht um diejenige eines Kollektives von Patienten. Für den in der Medizinstatistik ganz allgemein im Vordergrund stehenden Fall der Kollektivbetrachtung ermöglicht die Variabilität des untersuchten Merkmals zwischen den voneinander unabhängigen Patienten den statistischen Verallgemeinerungsschluß mit vorgewählter Irrtumswahrscheinlichkeit (Konfidenzintervall bzw. Signifikanztest). Bei Verlaufsdaten am Einzelpatienten dagegen ist dieser Schluß wegen der voneinander abhängigen Werte des betrachteten Merkmals nicht ohne weiteres möglich. Der zweite Problemkreis betrifft die Notwendigkeit, den Patientenzustand an den Merkmalswerten eines Normalkollektivs zu relativieren, wobei die Frage zu diskutieren ist, wie der entsprechende Normbereich, oder besser: Referenzbereich, sachgerecht zu konstruieren ist. Das dritte und letzte Problem schließlich betrifft die Tatsache, daß gewöhnlich nicht nur *ein* Merkmal am Patienten von Interesse ist, sondern es meist mehrere sind. Das dabei auftretende Problem der „Multiplizität" betrifft in der vorliegenden Situation sowohl die Konstruktion von Referenzbereichen wie auch die Verlaufsbeurteilung am Einzelpatienten.

In dieser Arbeit sollen die angedeuteten Probleme anhand des Beispiels der simultanen Verlaufskontrolle der bei evozierten Potentialen gemessenen Variablen am Einzelpatienten behandelt werden. Dabei sollen neuere methodische Konzepte in Anwendung kommen, mit Hilfe derer sich eine Lösung der hier beschriebenen Aufgaben anbietet.

Referenzbereiche „univariat"

Zunächst möge das Problem der Referenzbereiche behandelt werden, da diese als Basis für die Beurteilung des Patientenzustandes dienen. Als Beispiel werde der SEP-Parameter y_1 = „Latenz von P_1 bei der Tibialisstimulierung" betrachtet, für den ein Referenzbereich grundsätzlich – genau wie für alle anderen quantitativen klinischen Parameter auch – nicht mit Hilfe der Formel $\bar{y} \pm 2\,s$ berechnet werden

Steudel et al. (Hrsg.)
Evozierte Potentiale im Verlauf
© Springer-Verlag Berlin Heidelberg 1993

sollte. Diese Formel beruht auf der Hypothese einer zugrundeliegenden Gauß-Verteilung, einer für praktisch keine medizinische Variable haltbaren Annahme. (Daß die im wesentlichen mit der Gauß-Theorie verbundene „parametrische" Statistik überhaupt in der Medizin anwendbar ist, beruht auf dem „zentralen Grenzwertsatz", demzufolge ein Stichproben*durchschnitts*wert aus einer Wahrscheinlichkeitsverteilung entnommen gedacht werden kann, die angenähert diejenige der Gauß-Verteilung ist.) Aber selbst bei tatsächlich zugrundeliegender Gauß-Verteilung der Einzelwerte sind die Grenzen $\bar{y} \pm 2\,s$ nicht zutreffend, wenn der Referenzbereich 95% der Einzelwerte der Grundgesamtheit enthalten, oder „überdecken", soll. An die Stelle des Faktors „2" (genauer: 1,96) müßte vielmehr ein Faktor treten, der stark vom Stichprobenumfang n abhängig und sicher größer als 1,96 ist. Siehe dazu Dixon u. Massey [7] und generell auch Ackermann [5]. Ackermann nennt auf der Gauß-Verteilung beruhende Referenzbereiche mit dem richtigen, von n abhängigen Faktor „parametrische Referenzbereiche". An die Stelle solcher Bereiche und an diejenige der völlig abzulehnenden $\bar{y} \pm 2\,s$-Bereiche sollten jedoch nach Möglichkeit immer sogenannte „nichtparametrische" Referenzbereiche treten, die über die Form der Verteilung der Einzelwerte in der Grundgesamtheit keine Annahmen mehr machen. Solche Bereiche können angenähert mit Hilfe der Perzentilenmethode bestimmt werden, die z.B. beim zweiseitigen 95%-Bereich aus dem Abstreichen von je 2,5% der n Stichprobenwerte unten und oben besteht und die Grenzen des Bereiches auf diese Weise festlegt. Es ist offensichtlich am günstigsten, wenn n eine gerade Zahl ist, woraus sich ein minimaler Stichprobenumfang min(n) = 1/(0,025) = 40 ergibt. Für einen einseitigen 95%-Referenzbereich ergibt sich entsprechend min(n) = 20. Nur wenn selbst solche minimalen Umfänge unter keinen Umständen zu erreichen sind, sollten die parametrischen Bereiche als Notlösung verwendet werden.

Die Eigenschaft der Referenzbereiche, daß sie z.B. 100% – 95% = 5% aller Werte der Grundgesamtheit im Mittel nicht überdecken, wird – wie beim Signifikanztest – als Fehler 1. Art bezeichnet: ein Gesunder, dessen Wert außerhalb der Grenzen des Normbereiches liegt, wird irrtümlicherweise als nicht normal bezüglich der betrachteten Variablen angesehen. Dabei handelt es sich also um eine falsch-positive Beurteilung. Dieser Fehler, mit selbst vorgewähltem Risiko des Begehens von z.B. 5%, spielt im nächsten Abschnitt eine entscheidende Rolle.

Referenzbereiche „multivariat"

Da die Beurteilung des Patientenzustandes gewöhnlich nicht anhand einer einzigen Variablen erfolgt, muß man überlegen, zu welchen Fehlschlüssen das Vergleichen der Werte von mehreren Variablen am Einzelpatienten mit den zugehörigen univariaten Referenzbereichen führen kann. Es handelt sich hier um das schon erwähnte Problem der Multiplizität wie es auch bei („univariaten") Signifikanztests an mehreren Variablen auftritt (s. dazu z.B. Abt [3]). Das Problem sei anhand von N = 2 Variablen diskutiert. Dazu werde zusätzlich zu der Variablen y_1 = „Latenz von P_1" die Variable y_2 = „Amplitudendifferenz P_1 gegen N_2 bei der Tibialisstimulierung" betrachtet. Konstruiert man für beide Variablen je einen 95%-Referenzbereich auf der Basis der Stichprobenwerte von n gesunden Probanden, so kann man sich fragen, wie groß das Risiko sei, bezüglich eines einzelnen zukünftigen, bezüglich beider Variablen „normalen" Patienten bei mindestens einer der beiden Variablen einen Fehler 1. Art zu begehen, also ein falsch-positives Urteil abzugeben. Dieses Risiko ist maximal 2mal so groß wie bei jeder der beiden Einzelbeurteilungen, es steigt also bei zwei 95%-Bereichen bis zu $2 \cdot 5\% = 10\%$. Diese Risikoverdoppelung (bei Benutzung von $N = 2$ univariaten Referenzbereichen) tritt zwar nur bei sog. „Unvereinbarkeit" der beiden Fehlurteile auf, aber selbst bei – nicht immer unrealistischer – Unabhängigkeit der beiden Variablen erhöht sich das Risiko bei zwei 95%-Bereichen noch auf 9,75%. (Dies ist übrigens die gleiche Wahrscheinlichkeit wie sie für das Werfen mindestens einer „20" bei $N = 2$ Würfen mit einem 20seitigen Würfel, einem Dodekaeder gilt!). Wenn die beiden Variablen korreliert sind, tritt eine geringere Risikoerhöhung ein, die aber rechnerisch nicht erfaßbar ist. Bei der Beurteilung des Einzelpatienten anhand von mehr als $N = 2$ Variablen und den entsprechenden univariaten Referenzbereichen wird das Risiko für mindestens eine falsch-positive Einstufung mit der Anzahl N der Variablen immer größer. Dieser Risikoinflation könnte mit Hilfe der sog. „Bonferroni-Adjustierung" vorgebeugt werden, doch beinhaltet diese Adjustierung infolge ihrer Ableitung aus der Unvereinbarkeitsannahme eine unakzeptable Erhöhung des Risikos für den sog. „Fehler 2. Art", nämlich, die falsch-negative Beurteilung eines tatsächlich Kranken.

Die Lösung des Problems ist die Konstruktion und Benutzung „mehrdimensionaler" Referenzbereiche. Für den vorliegenden Fall der $N = 2$ Variablen y_1 und y_2 wurde ein solcher „bivariater", nichtparametrischer und skalenunabhängiger Bereich nach Abt [1] und Ackermann [6] konstruiert. Die zur Konstruktion verfügbaren und benutzten $n = 38$ Wertepaare (y_1, y_2), beide Variablen linksseitig gemessen, eines Kollektivs von 38 Gesunden [8] sind in Tabelle 1 aufgeführt und in Abb. 1 dargestellt.

Im Fall eines Referenzbereiches für eine mittlere Überdeckung von $P_0 \cdot 100\%$ der Einzelwerte der Grundgesamtheit bei N Variablen benötigt man nach Ackermann [6] $n_0 = 2\,kN/(1 - P_0)$ Wertepaare, wobei $k = 2, 3, \ldots$ die Zahl der „Konstruktionsumläufe" bezeichnet. Mit $k = 2$, $P_0 = 0,95$, $N = 2$ benötigt man also ein Minimum von $n_0 = 2 \cdot 2 \cdot 2/(1 - 0,95) = 160$ Wertepaare von einem Kollektiv zu 160 Gesunden. Wenn man wie im vorliegenden Beispiel nur $n = 38$ solche Wertepaare zur Verfügung hat so ist es nach Abt u. Krupp [4] trotzdem möglich, einen Bereich mit der gewünschten, wenn auch nur angenäherten Überdeckung (hier 95%) zu konstruieren, indem man einen aufgrund der n vorhandenen Wertepaare konstruierten Bereich wie folgt erweitert: die Grenzen des mit entsprechend geringerer Überdeckung $P = 1 - 2\,kN/n$ konstruierbaren Bereiches werden um den Faktor $f = \sqrt{\chi^2_{0,95;\,2}/\chi^2_{P;\,2}}$ erweitert, was zu einer angenäherten Überdeckung von 95% führt. (Achtung Druckfehler in Abt und Krupp [4]: das Wurzelzeichen bei f fehlt dort!). Als Bezugspunkt für diese Erweiterung nimmt man zweckmäßig den (bivariaten) Median, wobei im vorliegenden Beispiel der „arithmetische", d.h. komponentenweise Median benutzt wurde. Von diesem zentralen Punkt aus wer-

Tabelle 1. $n = 38$ Wertepaare (y_1, y_2) bei der Tibialisstimulierung, linksseitig gemessen [8]: y_1 = Latenz von P_1; y_2 = Amplitudendifferenz P_1 gegen N_2

y_1	y_2
37,70	1,85
39,26	3,57
42,12	2,28
41,08	2,73
35,62	1,84
41,08	1,46
41,08	5,21
41,86	1,36
42,38	7,60
39,26	1,60
41,86	2,36
45,50	1,57
42,38	2,14
36,92	3,82
43,42	2,37
44,72	2,58
42,64	2,19
42,12	6,70
35,10	4,57
39,52	6,43
38,48	11,30
42,38	6,53
41,60	5,05
44,98	2,53
38,74	3,97
37,18	5,06
42,38	1,90
38,74	5,50
43,42	1,98
41,86	2,51
41,08	5,16
41,34	5,20
42,38	1,16
42,12	3,14
43,42	9,16
43,16	2,45
40,04	3,96
40,82	3,14

den die Grenzen des Bereiches mit Überdeckung P ($< 95\%$) um den Faktor f nach außen geschoben.

Der in Abb. 1 dargestellte, aufgrund der $n = 38$ Punkte mit $k = 3$ Umläufen konstruierte Bereich besitzt eine Überdeckung von $P = 1 - 2 \cdot 3 \cdot 2/38 = 68\%$ (gestrichelte Begrenzung). Entsprechend ist der Erweiterungsfaktor auf angenähert 95% Überdeckung $f = \sqrt{\chi^2_{0,95;\,2}/\chi^2_{0,68;\,2}} = 1,61$. Tatsächlich enthält der neue

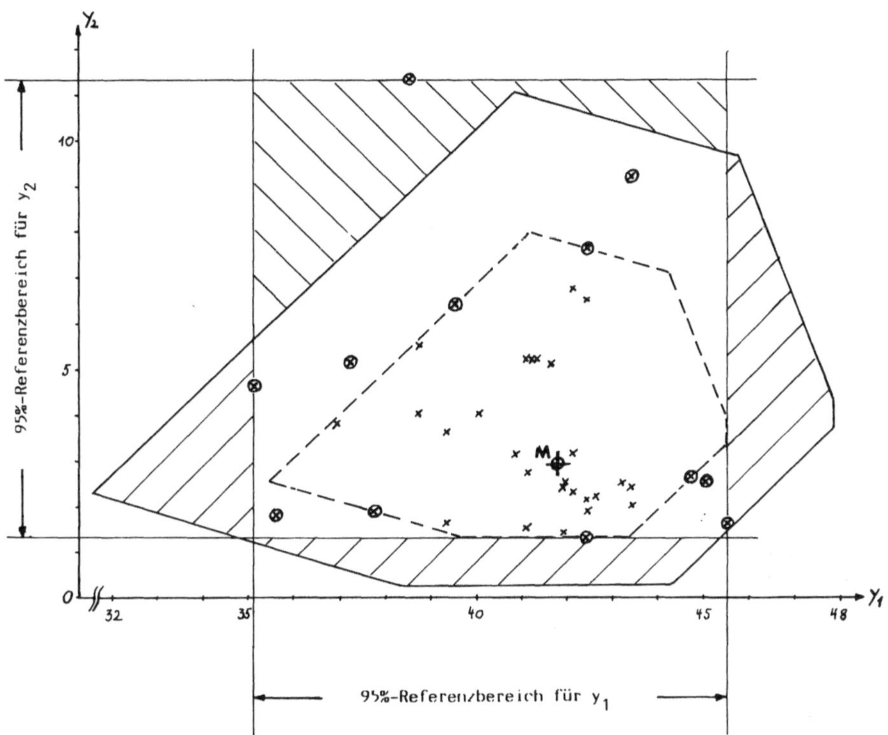

Abb. 1. n = 38 Wertepaare aus Tabelle 1 als Punkte im Koordinatensystem y_1 = Latenz von P_1 und y_2 = Amplitudendifferenz P_1 gegen N_2. ⊗ 2 x 2 x 3 = 12 Punkte für Konstruktion des 68%-bivariaten Referenzbereiches: *gestrichelte Begrenzung*; ≈ 95% bivariater Referenzbereich: *durchgehende Begrenzung*. *M* bivariater (komponentenweiser) Median. Fälschliche Patientenbeurteilung bei Gebrauch des 2mal 95%-univariaten Rechteckbereiches: ▨ fälschlich positiv, ▨ fälschlich negativ

Bereich (durchgehende Begrenzung) 37 der n = 38 ursprünglichen Punkte, d.h. 37/38 = 97%. Dem so entstandenen, angenähert 95%igen bivariaten Referenzbereich für die simultane Beurteilung von y_1 und y_2 ist in Abb. 1 der Rechteckbereich gegenübergestellt, der durch die beiden univariaten 95%-Referenzbereiche gebildet wird und – wie geschildert – im Extremfall bis auf 90% Überdeckung reduziert sein kann. Die beim Rechteckbereich relativ zum bivariaten Bereich vorhandenen fälschlich positiven und fälschlich negativen Areale sind in Abb. 1 deutlich gemacht.

Verlaufskontrolle: Trendanalyse

Auf der Basis N-dimensionaler Referenzbereiche wie vorher für N = 2 beschrieben läßt sich die Verlaufskontrolle des Patientenzustandes simultan für alle N interessierenden Variablen durchführen. Zunächst kann ein momentaner Patienten-

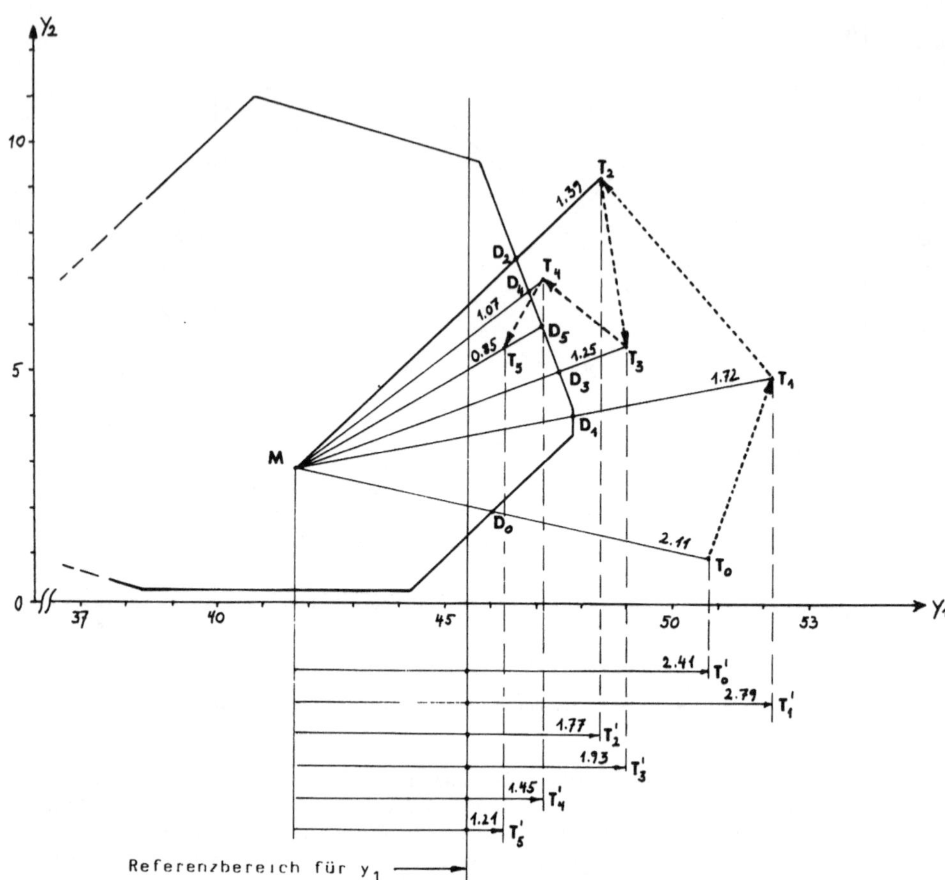

Abb. 2. Beispiel einer Patientenverbesserung von T_0 nach T_5 im bivariaten $\approx 95\%$-Bereich aus Abb. 1: $Q = \overline{MT}/\overline{MD}$ monoton fallend von 2,11 nach 0,85. In y_1 univariat: alternierende Veränderung von T'_0 nach T'_5

zustand durch einen Punkt im N-dimensionalen Raum dargestellt werden, dessen Komponenten die momentanen Werte der einzelnen Variablen y_1, y_2, ..., y_N sind. Im vorliegenden Fall der N = 2 Variablen y_1 und y_2 ist das ein Punkt in der (y_1, y_2) – Ebene in Abb. 1 (bzw. Abb. 2). Der Abstand des Patientenpunktes von den Grenzen des Referenzbereiches kann dann mit Hilfe eines „nichteuklidischen" Maßes beschrieben werden, das von der Wahrscheinlichkeitsdichte in der Grundgesamtheit abhängig und damit ein „Mahalanobis-ähnlicher Abstand" [2] ist: Wenn der (hier bivariate) Median mit M und der Patientenpunkt mit T bezeichnet wird, dann hat die Strecke $\overline{MT}$, entweder direkt oder in Verlängerung, einen Schnittpunkt mit der Grenze des Referenzbereiches, welcher Punkt mit D bezeichnet werde und den Abstand $\overline{MD}$ vom Median hat. Der Mahalanobis-ähnliche Abstand Q ist dann zu $Q = \overline{MT}/\overline{MD}$ definiert. Wenn der Patientenpunkt T außerhalb des Referenzbereiches liegt ist Q > 1, sonst < 1.

In Abb. 2 ist eine Folge von $1 + 5$ Patientenpunkten T_0 bis T_5 in das Bild des bivariaten 95%-Referenzbereiches aus Abb. 1 eingezeichnet, wobei die Q-Werte ebenfalls aufgeführt sind. In diesem Beispiel des Verlaufes eines Patientenzustandes (der aus Gründen der Anschaulichkeit ein zwar künstlicher, aber doch realistischer ist) erkennt man einen mit $Q_0 = 2{,}11$ außerhalb des Bereiches liegenden Ausgangszustand T_0, z.B. erste Messung nach OP oder Zustand bei Therapiebeginn. Diesem Ausgangszustand folgen, sich anhand von Q monoton verbessernde Zustände T_1 bis T_5 , wobei der letzte Punkt, T_5, mit $Q_5 = 0{,}85 < 1$ innerhalb des bivariaten Referenzbereiches liegt. Zum Vergleich enthält Abb. 2 die entsprechende Punktfolge auch „univariat" und beispielhaft für y_1 allein als T'_0, T'_1, ..., T'_5 mit entsprechenden Werten Q' bezogen auf die obere Grenze des univariaten 95%-Referenzbereiches für y_1. Wie man sieht, alterniert der Q'-Wert von Zustand zu Zustand und klassifiziert den Patienten am Ende (mit $Q'_5 = 1{,}21$) auch noch als außerhalb des Referenzbereiches liegend.

Es erhebt sich schließlich die Frage, wie der Trend des Patientenzustandes anhand des Q-Wertes hinsichtlich der Entscheidung zwischen Verbesserung/Stationärität/Verschlechterung beurteilt werden soll. Es soll hier nur berücksichtigt werden, ob die Veränderung gegenüber dem jeweilig vorhergehenden Zustand eine in Richtung auf das Zentrum des Referenzbereiches, also auf den Median M hin, oder eine solche von M weg ist. Der erste Fall (Q abnehmend) bezeichnet „Verbesserung", der zweite (Q zunehmend) „Verschlechterung". Wenn diese Veränderungsrichtungen nur zufällig alternieren, ist dies als Stationärität des Zustandes anzusehen. Dieser letzte Fall kann als derjenige der Nullhypothese H_0 bezeichnet werden: die Wahrscheinlichkeit für die beiden Veränderungsrichtungen ist jeweils $\pi = 0{,}5$, wobei entscheidend ist, daß unter H_0 keine Abhängigkeit zwischen den aufeinanderfolgenden Veränderungsrichtungen existiert.

(*Anmerkung*: Die Nullhypothese H_0: $\pi = 0{,}5$ bezieht sich nur auf die zufällig alternierenden Richtungs*änderungen*. Über die quantitativen Zustandsänderungen beim Einzelpatienten lassen sich vermutlich nur schwer irgendwelche Annahmen treffen. Um diese Veränderungen bei der Trendanalyse berücksichtigen zu können, müßte man die Variabilität dieser Veränderungen zur Entscheidungsgrundlage machen).

Beobachtet man nun, von Q_0 am Punkt T_0 ausgehend, m-mal eine Veränderung in der gleichen Richtung (also entweder m-mal Verbesserung oder m-mal Verschlechterung) so ist die Wahrscheinlichkeit dafür, daß dies unter H_0, also rein zufällig auftritt, $p = (\pi)^m = (0{,}5)^m$. Bei $p < \alpha = 0{,}05$ kann man die Nullhypothese H_0 mit der Irrtumswahrscheinlichkeit $\alpha = 5\%$ ablehnen, weil man nicht mehr bereit ist, bei entsprechend m-maliger Veränderung von Q in der gleichen Richtung das Zufallsgeschehen, d.h. Stationärität des Patientenzustandes zu akzeptieren. Man ist dann vielmehr bereit, mit höchstens 5% Irrtumswahrscheinlichkeit auf eine echte Veränderung in der beobachteten Richtung zu schließen. Wenn man nur den Fall monotoner Verbesserung betrachten will, dann sind offensichtlich $m = 5$ aufeinanderfolgende Verkleinerungen von Q ausreichend, die Nullhypothese an $\alpha = 0{,}05$ abzulehnen: $p = (0{,}5)^5 = 0{,}031 < \alpha = 0{,}05$. Genau ein solcher Fall ist derjenige aus Abb. 2 bezüglich des auf den bivariaten Referenzbereich be-

zogenen Patiententrendes. Wenn man jedoch die „zweiseitige" Alternative zur
Nullhypothese berücksichtigen will, d.h. die Nullhypothese zugunsten Verbesserung *oder* Verschlechterung an $\alpha = 0{,}05$ ablehnen will, dann werden mindestens
$m = 6$ gleichgerichtete Veränderungen von Q benötigt, weil nämlich $2\,p = 2$ x
$(0{,}5)^6 = 2 \cdot 0{,}0156 = 0{,}031 < \alpha = 0{,}05$. Wenn innerhalb einer Folge der $m = 5$
(oder $m = 6$) Untersuchungen nach T_o nur eine einzige Richtungsänderung statt-
findet, ist eine Entscheidung gegen die Stationärität nicht mehr möglich. Ein solcher Fall (der Beibehaltung von H_o) bedeutet jedoch nicht, daß die Stationärität
„bewiesen" ist, so wie man allgemein Nullhypothesen nicht „beweisen" kann.

Diskussion

Das zuletzt beschriebene trendanalytische Verfahren zur Beurteilung des Patientenzustandes benötigt, wie gezeigt, mindestens 5 aufeinanderfolgende Patienten-
untersuchungen nach einem Ausgangszustand T_o. Wenn man bereit ist, eine
leicht erhöhte Signifikanzschwelle, oder Irrtumswahrscheinlichkeit, von 6,2%
(statt $\alpha = 5\%$) zu akzeptieren, dann ist die Zahl von 5 Nachuntersuchungen auch
das Minimum für die offene, beidseitige Entscheidungsmöglichkeit „Verbesserung" oder „Verschlechterung" gegenüber „Stationärität". Gerade für die Entscheidung „Verschlechterung" ist übrigens die leicht erhöhte Irrtumswahrscheinlichkeit bei $m = 5$ Schritten von Vorteil für den Patienten. Bei Patienten, die für
längere Zeit unter (ständiger) Kontrolle stehen, kann die Zahl der 5 Nachuntersuchungen auf jeden Zustand T_0 folgen, der das Ergebnis eines neuerlichen Eingriffs
ist oder unter dem eine neue therapeutische Maßnahme beginnt.

Da das beschriebene Verfahren nur die Änderungs*richtungen* des Patientenzustandes betrifft und nicht das Ausmaß der Änderungen, könnte sich der Arzt me-
dizinisch minimal relevante Änderungen bezüglich Q vorgeben, ehe er von
„Verbesserung" oder „Verschlechterung" spricht. Zum Beispiel könnte die Total-
änderung nach der Minimalzahl von 5 Schritten mindestens $Q_5/Q_0 = q_0$ betragen,
etwa $q_0 = q_{0-} = 1{,}20$ für Verschlechterung oder $q_0 = q_{0+} = 1/q_{0-} = 0{,}83$ für
Verbesserung. Das würde für jeden der 5 Einzelschritte im Mittel eine minimale
Verschlechterung des Q-Wertes auf $\sqrt[5]{1{,}20} = 1{,}037$ des vorhergehenden Wertes
oder eine minimale Verbesserung auf $\sqrt[5]{0{,}083} = 0{,}964$ bedeuten, also jeweils eine
etwa 4%ige Veränderung des Q-Wertes gegenüber dem vorhergehenden Wert.
Die hier beispielhaft geforderte minimale Verbesserung von Q_0 auf $Q_5 = 0{,}083 Q_o$
kann sich etwa auch in einem einzigen Schritt vollziehen wenn die anderen
4 Schritte ebenfalls alle in Richtung auf Verbesserung gehen. Im Beispiel in Abb.
2 geht die Gesamtverbesserung von $Q_0 = 2{,}11$ nach $Q_5 = 0{,}85$, was einer Reduktion auf $q_{0+} = 0{,}85/2{,}11 = 40\%$ des Ausgangswertes Q_0 entspricht. Zu den
Relevanzaspekten bezüglich des Ausmaßes der Q-Veränderungen gehört auch,
daß der Arzt vermutlich nicht 5 aufeinanderfolgende Schritte, alle in Richtung
Verschlechterung, vor einer neuen Intervention abwarten wird, wenn es unter den
ersten vier Schritten einen mit dramatischer Q-Vergrößerung gibt. Unabhängig

vom Ausmaß der Q-Veränderung wird der Arzt auch nicht mehr als 5 Schritte bis zu einer Entscheidung (insbesondere derjenigen von „Verschlechterung") warten wollen ehe er interveniert. Daher wurden die Wahrscheinlichkeitsüberlegungen hier nicht für diese irrelevante Situation von 6 oder mehr Schritten (ohne Entscheidung oder Intervention) fortgeführt.

Man muß sich darüber im klaren sein, daß das beschriebene multivariate Verfahren insbesondere dann seine Vorteile zeigt, wenn sich die Patientenpunkte des Beobachtungsverlaufes relativ nahe an den Grenzen des multivariaten Referenzbereiches befinden. Für weit außerhalb liegende Punkte zeigt auch die Relativierung an den jeweiligen univariaten Referenzbereichen deutlich den pathologischen Charakter des Patientenzustandes. Bei relativ grenznahen Verläufen des Patientenzustandes ist der Vorteil der multivariaten Betrachtung besonders deutlich, wenn die N Variablen stärker miteinander korreliert sind. Im Beispiel (Abb. 1) sind y_1 und y_2 kaum korreliert, trotzdem ist der Vorteil der bivariaten Betrachtung, wie gezeigt, offenkundig.

Man kann das Einmünden des Patientenzustandes in den Referenzbereich ($Q < 1$) als den eigentlichen Gesundungserfolg bezeichnen, doch sollte man nicht vergessen, daß dieser Erfolg als „Stationärität innerhalb des Referenzbereiches" definiert werden müßte. Deren Nachweis würde aber den Beweis einer Nullhypothese beinhalten, der nicht möglich ist. Wenn, wie im Beispielfall in Abb. 2, erst der letzte (fünfte) Schritt in den Referenzbereich führt, ist es daher wohl ratsam, noch einige Kontrolluntersuchungen in gebührenden zeitlichen Abständen anzuschließen um das Verharren des Zustandes innerhalb des Referenzbereiches zu bestätigen. Eine ähnliche Situation bezüglich Stationärität ist natürlich auch außerhalb des Referenzbereiches denkbar. Sinngemäß gilt hier das Gleiche wie vorher, und dies insbesondere dann, wenn der Arzt keine therapeutische Möglichkeit mehr sieht, den Zustand des Patienten (noch weiter) zu verbessern.

Bei der Planung des multivariaten Vorgehens zur Verlaufskontrolle muß man bedenken, daß die N simultan zu betrachtenden Variablen alle von etwa gleicher Bedeutung für das behandelte Syndrom sein sollten. In der Planungsphase sollte man sich also auf eine Auswahl der N wichtigsten und etwa gleichwichtigen Variablen für die Konstruktion des Referenzbereiches entscheiden. Dabei muß schließlich auch berücksichtigt werden, daß der benötigte Stichprobenumfang linear mit steigendem N nach $n_o = 2\,kN/(1 - P_0)$ wächst wie oben ausgeführt. Wenn die so bestimmte erforderliche Anzahl n_o der Gesunden ganz unrealistisch ist, sollte man doch versuchen, die Anzahl $n < n_0$ so groß zu machen, daß eine Überdeckung von mindestens etwa $P = 80\%$ möglich wird, was zu $n \geq 10\,kN$ führt, also z.B., mit $k = 3$ und $N = 2$, zu $n \geq 60$. Daraus folgt ein $f \leq \sqrt{\chi^2_{0,95;\,2}/\chi^2_{0\,\cdot\,0,80;\,2}} = 1{,}36$, also ein nicht zu starkes Hinausschieben der Grenzen des 80%-Bereiches. Im Beispiel in Abb. 1 erscheint die Überdeckung zu $P = 68\%$, bedingt durch die nur $n = 38$ Wertepaare, doch als etwas gering.

Literatur

1. Abt K (1982) Scale-independent non-parametric multivariate tolerance regions and their application in medicine. Biometr J 24:27–48
2. Abt K (1985) A multivariate median and a non-parametric Mahalanobis-like distance. Tagungsbericht Medical Statistics, Mathematisches Forschungsinstitut Oberwolfach, 25.2.–3.3.1985
3. Abt K (1991) Planning controlled clinical trials on the basis of Descriptive Data Analysis. Stat Med 10:777–795
4. Abt K, Krupp P (1986) Pooling of laboratory safety data in multicenter studies. Drug Inform J 20:311–313
5. Ackermann H (1983a) Sind „x ± 2 s“-Bereiche nützliche diagnostische Hilfsmittel? Med Welt 34:3–6
6. Ackermann H (1983b) Multivariate non-parametric tolerance regions: a new construction technique. Biometr J 25:351–359
7. Dixon WJ, Massey FJ (1957) Introduction to statistical analysis, 2nd ed. McGraw-Hill, New York
8. Steudel WI (1991) Persönliche Mitteilung

Längsschnittuntersuchungen bei spinalen Prozessen

2 Klinische und elektrophysiologische (SEP, MEP) Verlaufsuntersuchungen (3 Jahre) bei Patienten mit engem zervikalen Spinalkanal

H. Masur, C. Oberwittler, D. Seifert und G. G. Brune

Einleitung

Anlagebedingte Faktoren, v.a. aber auch degenerative Erkrankungen führen zum Syndrom des engen Zervikalkanals. Das voll ausgeprägte klinische Syndrom ist durch eine Funktionsstörung der langen spinalen Bahnen an den unteren Extremitäten und eine radikuläre Symptomatik an den oberen Extremitäten gekennzeichnet [3]. Weit häufiger als mit dem voll ausgeprägten Bild ist man mit einem unvollständigen Beschwerdebild konfrontiert. Hier finden sich häufig nur unspezifische Beschwerden in Form von Kopf- und Nackenschmerzen sowie Zervikobrachialgien. Bislang besteht keine Einigkeit darüber, ob die klinische Symptomatik allein durch mechanische Faktoren (Einengung des Spinalkanals und langsam progrediente Kompression der Medulla) zustande kommt oder ob zusätzlich andere, vielleicht vaskuläre Faktoren eine Rolle spielen. Mehrere Arbeiten konnten den diagnostischen Nutzen von SEP- und MEP-Untersuchungen bei diesem Syndrom belegen [1, 2, 4]. In einer Untersuchung an 32 Patienten mit myelographisch gesichertem engem Cervikalkanal zeigte sich die in Abb. 1 zu sehende Verteilung zentraler SEP- und MEP-Latenzen. Nach diesen Ergebnissen der

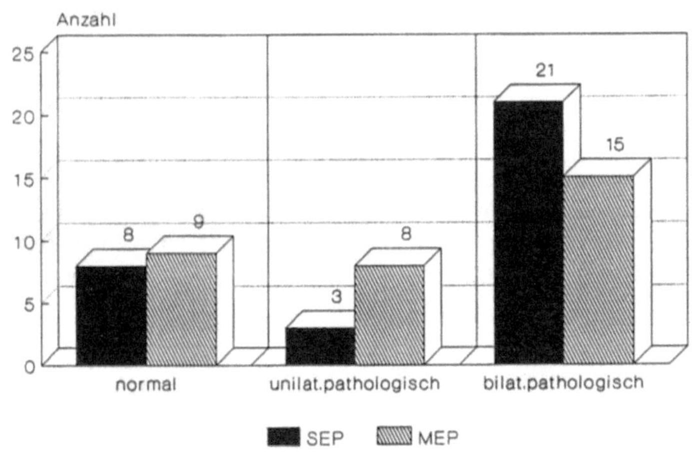

Abb. 1. Verteilung der zentralen SEP- und MEP-Latenzen bei 32 Patienten mit engem Zervikalkanal

Steudel et al. (Hrsg.)
Evozierte Potentiale im Verlauf
© Springer-Verlag Berlin Heidelberg 1993

Querschnittuntersuchung war es natürlich interessant zu verfolgen, wie sich die Defizite weiter entwickeln würden.

Wir hatten Gelegenheit, 11 der 32 Patienten nach 3 Jahren erneut zu untersuchen.

Patienten und Methode

Bei jedem der Patienten wurden die folgenden Untersuchungen zu jeweils 2 Zeitpunkten mit einem Zeitintervall von 3 Jahren durchgeführt: Anamneseerhebung, neurologische Untersuchung, Scoreerhebung, Tibialis-SEP und MEP (abgeleitet vom M. tibialis anterior).

Alle Patienten wurden bezüglich ihres Behinderungsgrades eingestuft; hierfür wurden 3 Scoresysteme angewendet. Der Behinderungsscore 1 erfaßt die Funktion der Beine (0–3 Punkte). 0 = unbehindert gehfähig, 1 = nur mit Hilfe gehfähig, 2 = nur mit starker Unterstützung gehfähig, 3 = nicht gehfähig. Der Behinderungsscore 2 erfaßt die Funktion der Arme (0–8 Punkte). Je 2 Punkte werden vergeben für die Unfähigkeit zur allgemeinen Körperpflege, sich eigenständig anzukleiden, selbständig zu essen, zur weitergehenden Körperpflege (Kämmen, Zähneputzen etc.). Der Behinderungsscore 3 entspricht einer Zusammenfassung der Score 1 und 2 (0–11 Punkte).

Bei den Tibialis-SEP erfolgten die Potentialabgriffe über L1 und Cz. Bei den motorisch evozierten Potentialen wurde bei Ableitung vom M. tibialis anterior über dem Kortex und L1 stimuliert. Durch Subtraktion der peripheren Latenz von der Gesamtlatenz wurde jeweils eine zentrale Latenz berechnet. Für den statistischen Vergleich der Untersuchungsbefunde zu beiden Zeitpunkten wurden für die quantitativen Merkmale (die elektrophysiologischen Werte) der Wilcoxon-Test für verbundene Stichproben und für qualitative Merkmale (klinische Befunde, Scores) der Vorzeichentest verwendet.

Ergebnisse

Der Vergleich der klinischen Befunde und der Scorewerte ergab keine Veränderungen. Die Verteilung der elektrophysiologischen Parameter zu beiden Zeitpunkten ist in Abb. 2 dargestellt. Signifikante Differenzen ergaben sich auch hier nicht.

Diskussion

Im Gruppenvergleich zwischen den beiden Zeitpunkten waren also keine signifikanten Unterschiede feststellbar. Auch wenn man sich einzelne Patienten herausgreift, findet man in diesem Kollektiv keine wesentlichen Verbesserungen oder Verschlechterungen. Die subjektiven Beschwerden hatten sich z.T. erheblich ver-

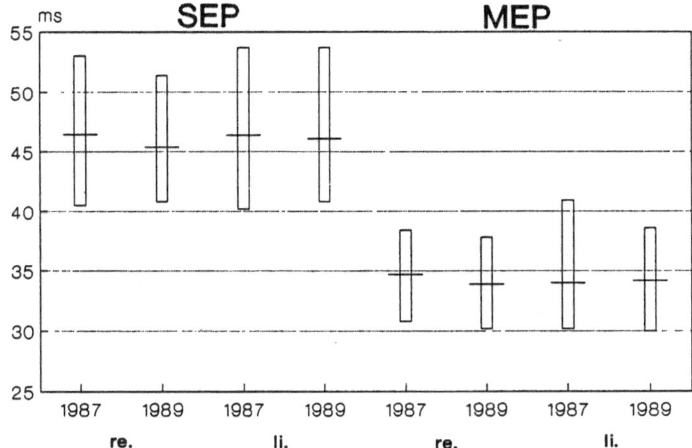

Abb. 2. Vergleichende Darstellung der SEP- und MEP-Gesamtlatenzen zu den jeweiligen Untersuchungszeitpunkten getrennt für rechte und linke Ableitungen bei 11 Patienten mit engem Zervikalkanal. Dargestellt sind der Mittelwert sowie minimaler und maximaler Wert

ändert, hauptsächlich verschlechtert, die objektiven Parameter waren dagegen weitgehend unverändert geblieben.

Die Ergebnisse dieser Untersuchung zeigen, daß die elektrophysiologischen Methoden die Diagnostik dieses Syndroms bereichern. Ob sie geeignet sind, feine Entwicklungen des Verlaufs frühzeitig aufzuzeigen, kann mit dieser Untersuchung nicht sicher entschieden werden. Die Wertigkeit dieser Untersuchungsmethoden für eine Kontrolle des Spontanverlaufs kann wohl erst durch die Untersuchung eines größeren Kollektivs über einen längeren Zeitraum entschieden werden.

Literatur

1. Abbruzesse G, Dall'Agata D, Morena M, Simonetti S, Spadaveccia L, Andrioli GC, Favale E (1988) Electrical stimulation of the motor tracts in cervical spondylosis. J Neurol Neurosurg Psychiatry 51:796–802
2. Masur H, Elger CE, Render K, Fahrendorf G, Ludolph AC (1989) Functional deficits of central sensory and motor pathways in patients with cervical spinal stenosis: a study of SEPs and of EMG responses to non-invasive brain stimulation. Electroencephalogr Clin Neurophysiol 74:450–457
3. Victor M, Adams RD (1985) Diseases of spinal cord. In: Principles of neurology. McGraw-Hill, New York, pp 665–698
4. Yu YL, Jones SJ (1985) Somatosensory evoked potentials in cervical spondylosis: correlation of median, ulnar and posterior tibial nerve responses with clinical and radiological findings. Brain 108:273–300

3 Verlaufsuntersuchungen mittels Medianus- und Tibialis-SEP bei der zervikalen Myelopathie

St. Köpke, W. I. Steudel und R. Lorenz

Das Ziel unserer Untersuchungen war es, die mittels Medianus- und Tibialis-SEP gewonnenen Parameter hinsichtlich ihrer Wertigkeit für die Verlaufsbeurteilung zu untersuchen.

Patienten und Methodik

In einer prospektiven Studie untersuchten wir 38 Patienten mit spondylogener zervikaler Myelopathie, bei denen eine operative Dekompression geplant war, mittels Medianus- und Tibialis-SEP. Die Dekompression erfolgte durch ventrale Spondylodese am häufigsten in Höhe HWK 5/6, bei 28 Patienten in mehr als einer Höhe. Das Durchschnittsalter betrug 53 Jahre, die durchschnittliche Anamnesedauer lag bei einem halben Jahr.

Eine Woche, 3 Monate bzw. 1 Jahr nach Operation leiteten wir bei einem Teil dieser Patienten erneut SEP ab.

Der klinische Befund wurde nach der Einteilung von Roosen und Grote klassifiziert.

Grad I: Symptomfrei, kein neurologisches Defizit (sehr gut). Grad II: Subjektive Beschwerden deutlich gebessert. Leichte, gut kompensierte neurologische Störung (gut). Grad III: Beschwerden unverändert, präoperativer neurologischer Status verbessert (befriedigend). Grad IV: Keine Änderung der neurologischen Symptomatik. Grad V: Verschlechterung des Krankheitsbildes (IV + V schlecht).

Analysiert wurden die kortikalen Frühkomplexe sowie nach Stimulation des N. medianus die über dem Erbschen-Punkt und über HWK 7 abgeleiteten subkortikalen Antwortpotentiale. Für die Auswertung erfolgte nach klinisch- radiologisch und intraoperativ gewonnenen Befunden eine Seiteneinteilung in schlechtere/bessere Seite.

Bei der Beurteilung der einzelnen SEP-Befunde werteten wir Latenzen und Latenzdifferenzen oberhalb einer 2,5fachen Standardabweichung vom Mittelwert als abnormal.

Amplituden unterhalb von 0,7 µV sowie eine mehr als 50%ige Seitendifferenz galten als pathologisch.

Für die Stichprobenvergleiche wählten wir nichtparametrische Testverfahren mit einem Signifikanzniveau von 5% (Tabelle 1).

Steudel et al. (Hrsg.)
Evozierte Potentiale im Verlauf
© Springer-Verlag Berlin Heidelberg 1993

Tabelle 1. Methodik

---

1. Patienten
 – 38 Patienten mit zervikaler Myelopathie

2. Kontrollgruppe
 – Medianus-SEP n = 30
 – Tibialis-SEP n = 41

3. Untersuchte SEP-Parameter

Medianus-SEP:

 – ERB
 – N13
 – N1
 – Interpeaklatenzen
 – Amplitude N1/N2
 – Seitendifferenzen

Tibialis-SEP:

 – P1/Körperlänge
 – Amplitude P1/N2
 – Seitendifferenzen

4. Kriterien zur Beurteilung der SEP-Parameter

Pathologisch, wenn:

 – Latenzen/Latenzdifferenzen $m + 2{,}5$ SD
 – Amplituden 0,7 uV
  50%ige Reduzierung
  im Seitenvergleich

Ergebnisse

Präoperativ fanden wir bei 78% der Patienten pathologische Befunde im Medianus-SEP. Leitbefund war eine leichte bis mittelmäßige Latenzverzögerung, hauptsächlich der Interpeaklatenz ERB-N1 (Tabelle 2, 3). Bei den 21 Patienten mit dem Befund einer Latenzverzögerung war immer die Interpeaklatenz ERB-N1 verlängert, bei 62% dieser Patienten ERB-N13, bei 50% die absolute Latenz N1, die zentrale Überleitungszeit N13-N1 bei 43%. Dieser Befund zeigte sich dann auch im Vergleich mit den Parametern der Kontrollgruppe.

Die eine Woche postoperativ bei 18 Patienten durchgeführten Ableitungen ergaben für die Latenzen erwartungsgemäß keine Änderung im Vergleich zum präoperativen Status. Klinisch besserten sich die Schmerzsymptomatik und andeutungsweise die Sensibilität.

In den Paarvergleichen fanden wir postoperativ eine signifikante Amplitudenreduktion des corticalen Antwortpotentials nach Medianusstimulation auf der besseren Seite. Bei 3 Patienten sahen wir eine mehr als 50%ige Reduktion, die sich bei Ableitung 6 Wochen postoperativ nicht mehr zeigte.

Eine Abnahme der außerhalb der 2,5fachen SD liegenden SEP-Parameter zeigte sich 3 Monate postoperativ auf der klinisch stärker betroffenen Seite. Bei den 11 untersuchten Patienten war nur bei einem Patienten keine Verbesserung der neurologischen Symptomatik zu beobachten. Beim Vergleich der Mittelwerte kam es zu einer leichten Verkürzung der Latenzen der schlechteren Seite, die aber

Tabelle 2. Pathologische SEP-Befunde (präoperativ)

	Medianus-SEP Patienten n = 37	Tibialis-SEP Patienten n = 36
Latenz + Amplitude –	1	2
Latenz	21	7
Amplitude	2	3
Latenzen im Seitenvergleich	4	3
Latenzdifferenz + Amplitude	–	1
Leitungsblock	1	5
Gesamt	29 (78%)	21 (58%)

Tabelle 3. Signifikante Unterschiede in den Stichprobenvergleichen präoperativ (*IPL* Interpeaklatenz)

	Schlechtere Seite	Bessere Seite
Medianus-SEP	Latenz N1 IPL ERB-N13 IPL ERB-N1 IPL N13-N1	IPL ERB-N13 IPL ERB-N1
Tibialis-SEP	Latenz/P1/KL Amplitude P1/N2	Latenz P1/KL Amplitude P1/N2

statistisch nicht signifikant war. Die Interpeaklatenz ERB-N1 der schlechteren Seite glich sich der besseren Seite an, so daß eine vor Operation signifikante Seitendifferenz nicht mehr bestand (Tabelle 4, 5).

Ein Jahr nach operativer Dekompression untersuchten wir 9 Patienten. Bei einem Patienten hatte sich der neurologische Status postoperativ nicht gebessert (Abb. 1). Auch hier nahm die Anzahl der abnormalen SEP-Parameter der schlechteren Seite ab, dagegen die der besseren Seite zu. Dies spiegelt sich im Vergleich der Mittelwerte wieder. Für die Interpeaklatenzen ERB-N1 und N13-N1 der besseren Seite zeigte sich hierbei eine signifikante Verschlechterung (Tabelle 5, 6).

Tabelle 4. Vergleich präoperativ und 3 Monate postoperativ (n = 11)

Patient	Anzahl abnormaler SEP-Parameter				Klinisches Resultat
	Schlechtere Seite		Bessere Seite		
Nr.	prä-operativ	post-operativ	prä-operativ	post operativ	
1	4	–	2	1	befriedigend
2	2	5	1	–	gut
3	1	–	–	2	gut
4	1	–	–	3	schlecht
5	3	3	2	2	gut
6	1	2	–	–	gut
7	4	3	2	2	befriedigend
8	1	1	1	–	gut
9	6	1	–	1	gut
10	7	2	1	1	gut
11	–	–	–	–	gut
Gesamt	30	17	9	12	

Ergebnisse im Paarvergleich der einzelnen SEP-Parameter: Signifikante Verkleinerung der Seitendifferenz der Interpeaklatenz ERB-N1

Tabelle 5. Vergleich der SEP-Parameter präoperation und 3 Monate postoperativ (*IPL* Interpeaklatenzen)

n = 11	Schlechtere Seite		Bessere Seite		Norm
Parameter	präoperativ	postoperativ	präoperativ	postoperativ	
Latenzen (ms)					
ERB	10,1/0,9	10,1/0,9	10,3/1,0	10,1/0,9	10,6/0,7
N13	14,0/1,1	13,9/1,1	13,9/1,2	13,6/1,1	14,0/0,8
N1	20,1/1,0	19,8/1,0	19,7/1,1	19,8/1,0	19,7/0,8
T-P1/KL (ms/m)	25,6/0,9	25,5/1,3	25,6/1,1	25,8/1,4	23,7/1,8
IPL (ms)					
ERB-N13	4,0/1,0	3,8/0,8	3,6/0,8	3,5/0,6	3,4/0,4
ERB-N1	10,0/1,1	9,7/0,9	9,4/1,0	9,6/0,7	9,1/0,4
N13-N1	6,0/0,6	5,9/0,5	5,8/0,7	6,1/0,7	5,7/0,4
Amplituden (μV)					
M-N1/P1	3,1/1,5	3,4/1,7	3,8/1,6	3,6/1,2	4,4/4,0
T-P1/N2	1,5/0,8	1,6/0,6	2,4/1,6	2,1/1,0	3,6/2,0
mean/SD					

Tabelle 6. Vergleich präoperativ und 1 Jahr postoperativ (n = 9)

Patient	Anzahl abnormaler SEP-Parameter				Klinisches Resultat
	Schlechtere Seite		Bessere Seite		
Nr.	prä-operativ	post-operativ	prä-operativ	post-operativ	
1	2	4	1	1	gut
2	2	2	–	2	befriedigend
3	6	2	–	–	befriedigend
4	7	2	1	4	befriedigend
5	–	2	–	–	gut
6	8	5	2	2	schlecht
7	–	–	–	3	gut
8	1	2	1	5	gut
9	4	–	1	1	befriedigend
Gesamt	30	19	6	18	

Ergebnisse im Paarvergleich der einzelnen SEP-Parameter: Signifikante Verlängerung der IPL ERB-N1 (bessere Seite) und der IPL N13-N1 (bessere Seite)

Tabelle 7. Vergleich der SEP-Parameter präoperativ und 1 Jahr postoperationem

n = 9	Schlechtere Seite		Bessere Seite		Norm
Parameter	präoperativ	postoperativ	präoperativ	postoperativ	
Latenzen (ms)					
ERB	10,3/0,8	10,2/0,7	10,6/0,9	10,4/0,8	10,6/0,7
N13	14,4/0,7	14,1/1,2	14,4/1,2	14,2/1,2	14,0/0,8
N1	20,6/1,0	20,0/1,3	20,2/1,1	20,3/1,1	19,7/0,8
T-P1/KL (ms/m)	26,2/0,9	26,4/1,3	26,0/1,2	26,2/1,1	28,7/1,3
IPL (ms)					
ERB-N13	4,1/0,6	4,0/0,7	3,7/0,6	3,7/0,6	3,4/0,4
ERB-N1	10,3/0,9	9,9/1,0	9,6/0,7	9,9/0,8	9,1/0,4
N13-N1	6,2/0,8	5,9/0,9	5,8/0,6	6,1/0,7	5,7/0,4
Amplituden (μV)					
M-N1/P1	3,8/1,9	3,4/1,3	4,1/1,9	3,1/1,5	4,4/4,0
T-P1/N2 mean/SD	1,5/1,0	1,5/1,0	2,0/1,7	1,7/1,4	3,6/2,0

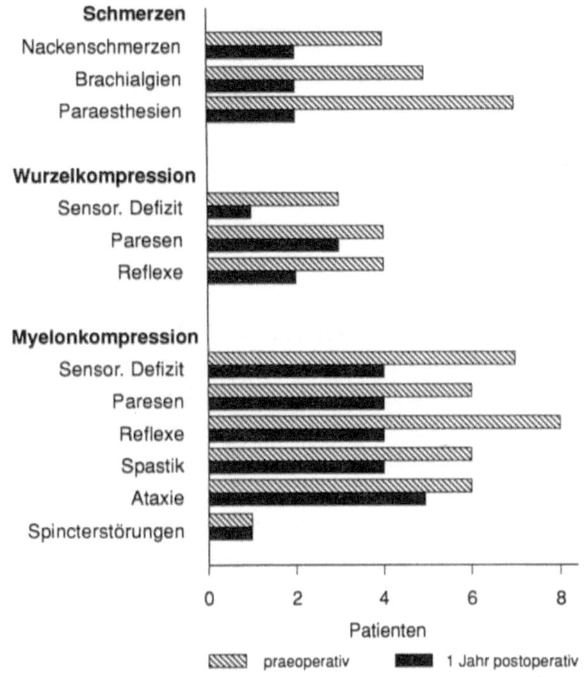

Abb. 1. Vergleich des klinischen Befundes präoperativ mit dem Zustand nach 1 Jahr postoperativ

Zusammenfassung

Die Besserung der klinischen Symptomatik ließ sich durch eine Abnahme der abnormalen SEP-Parameter 3 Monate postoperativ gut objektivieren. Die Zunahme 1 Jahr postoperativ auf der klinisch besseren Seite scheint aber ein Fortschreiten der Erkrankung zu signalisieren.

Die Amplitudenreduktion 1 Woche postoperativ war reversibel. Sie könnte operationsbedingt sein.

Als brauchbare Indikatoren für Veränderungen erwiesen sich dabei die Interpeaklatenzen, insbesondere von ERB-N1. Wegen ihrer geringen Standardabweichung und Seitendifferenz sind sie zur Verlaufsbeurteilung besser geeignet als die inter- und intraindividuell stärker variierenden Absolutwerte. Auch erbringen sie in der Lokaldiagnostik zusätzlichen Informationsgewinn.

Dennoch kann im Einzelfall die Beurteilung ausgesprochen schwierig sein.

4 Motorisch evozierte Potentiale und somatosensibel evozierte Potentiale bei zervikaler Myelopathie: Verlaufskontrollen nach operativer Behandlung

H. Wiedemayer, A. Feldges, F. Rauhut und A. Galland

Patientengut und Methodik

21 Patienten mit einer progredienten zervikalen Myelopathie (CM) im Rahmen einer Spondylose der Halswirbelsäule wurden prospektiv untersucht. Es handelt sich um 10 weibliche und 11 männliche Patienten mit einem mittleren Alter von 63,5 Jahren. Die Dauer der Anamnese bis zur operativen Behandlung betrug im Mittel 1,6 Jahre. Neben der klinisch-neurologischen und neuroradiologischen Befunderhebung wurde bei allen Patienten ein elektrophysiologisches Untersuchungsprogramm durchgeführt. Dieses umfaßte die somatosensibel evozierten Potentiale mit Stimulation des N. medianus (M-SEP) und N. tibialis (T-SEP) in konventioneller Technik. Für die M-SEP erfolgte neben der Ableitung über Kortex die Registrierung der Nackenpotentiale über HWK 2 zur Berechnung der zentralen Leitungszeit.

Bei den motorisch evozierten Potentialen kam ausschließlich die Magnetstimulation zur Anwendung. Es wurde über Kortex und HWK 7 gereizt und im Bereich der Kleinfingerballenmuskulatur mit Oberflächenelektroden abgeleitet. Die Stimulation erfolgte mit ansteigenden Reizstärken, bis Antwortpotentiale kürzester Latenz und maximaler Amplitude erzielt wurden. Bei der Kortexstimulation wurde die Kleinfingerballenmuskulatur mit etwa 5% der Maximalkraft vorinnerviert [5, 8, 9, 10]. Zur Kontrolle der peripheren Leitung und der berechneten zentralen motorischen Leitungszeit wurde die F-Welle des N. ulnaris zusätzlich abgeleitet.

Als Kriterien für pathologische Werte galten: Latenzverlängerung über den laboreigenen Normalwert (Mittelwert plus 2,5 s), ein- oder beidseitiger Potentialverlust und bei den M-SEP und den T-SEP Seitendifferenzen der Amplituden über 50%.

Alle Patienten wurden operativ behandelt. Bei 2 der 21 Patienten erfolgte ausschließlich eine Laminektomie. Die übrigen Patienten hatten ventrale Eingriffe. In 7 Fällen ventrale Fusionen in einem Segment, in 4 Fällen in 2 Segmenten und in 2 Fällen in 3 Segmenten. Ein Patient wurde in einer Etage spondylektomiert, 5 Patienten hatten eine Spondylektomie über 2 Wirbelkörper. Am häufigsten betroffen waren die Segmente HWK 5/6 und 4/5. Die Etagen 6/7 und 7/1 waren nicht isoliert betroffen, sondern in Kombination mit anderen Segmenten.

Die elektrophysiologischen Untersuchungen erfolgten präoperativ, frühoperativ (meist in der 2. Woche postoperativ), 3 Monate und 6 Monate nach der Operation.

Steudel et al. (Hrsg.)
Evozierte Potentiale im Verlauf
© Springer-Verlag Berlin Heidelberg 1993

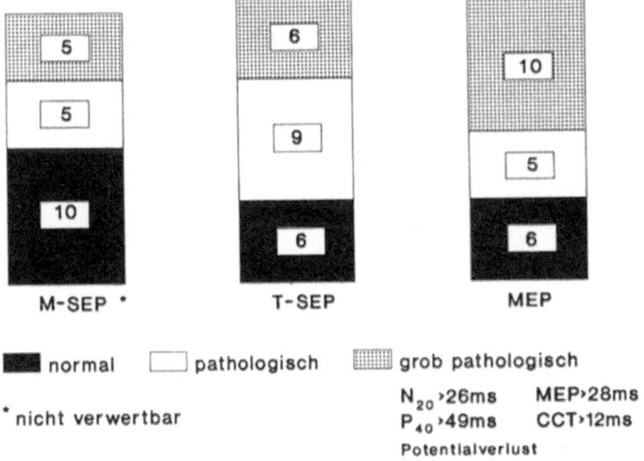

Abb. 1. Präoperative Befunde der medianus evozierten Potentiale (M-SEP), der tibialis evozierten Potentiale (T-SEP) und der motorisch evozierten Potentiale (MEP)

Ergebnisse

Abbildung 1 gibt einen Überblick über die präoperativen Befunde. Präoperativ war das M-SEP bei 10 Patienten normal, bei 10 Patienten pathologisch verändert, in einem Fall war wegen Artefaktstörung kein verwertbarer Befund zu gewinnen. Das T-SEP war nur bei 6 Patienten normal, 15mal pathologisch verändert. Die motorisch evozierten Potentiale zeigten ebenfalls bei 6 Patienten normale Werte. Bei den 15mal erhobenen pathologischen Befunden fiel besonders auf, daß bei 10 Patienten sehr ausgeprägte Verlängerungen der zentralen Leitungszeit bestanden. Diese auffällige Patientengruppe ist besonders gekennzeichnet. Innerhalb der pathologischen Werte wurde hier noch eine gesonderte Grenze gesetzt, die als grob pathologisch bezeichnet wurde. In dieser Patientengruppe lag die zentrale Leitungszeit über 12 ms und die Latenz nach motorischer Stimulation des Kortex über 28 ms bei einer oberen Normgrenze für die zentrale Leitungszeit von 8,7 ms und für die Latenz nach Kortexstimulation bei 23 ms. Bei M-SEP und T-SEP wurde ähnlich verfahren, auch hier wurde eine Patientengruppe mit grob pathologischen Werten besonders gekennzeichnet. Diese Patientengruppe mit den auffällig langen Latenzen wurde gesondert hinsichtlich ihrer klinischen und radiologischen Befunde überprüft.

Bei den frühen postoperativen Kontrollen wurden gegenüber den präoperativen Befunden nur selten Veränderungen registriert.

Bei den Sechsmonatskontrollen zeigten 9 Patienten eine Besserung im klinischen Befund. 12 Patienten waren im Befund unverändert, davon gaben aber 4 subjektiv eine verbesserte Gebrauchsfähigkeit der Arme oder Beine an. Eine Progredienz im Verlauf wurde bei keinem Patienten beobachtet.

Tabelle 1. Verlauf der M-SEP und T-SEP bei der postoperativen Kontrolle nach 6 Monaten für die Patienten mit präoperativ pathologischen Befunden (vgl. Abb. 1)

	Unverändert	Gebessert
M-SEP[a]	4	5
Grob pathologisch[a]	1	3
T-SEP	10	5
Grob pathologisch	5	2

[a] 1 Patient mit Verschlechterung

Von 10 Patienten mit einem pathologischen M-SEP blieb der Befund bei den Kontrollen nach 6 Monaten in 4 Fällen unverändert, 5mal kam es zu einer Besserung, einmal zu einer Verschlechterung. Bei den 15 Patienten mit pathologischem T-SEP blieb der Befund 10mal unverändert, 5mal kam es zu einer Besserung (Tabelle 1).

In Tabelle 2 sind die MEP-Verläufe nach 6 Monaten für die 10 Patienten mit auffällig langen Latenzen dem klinischen Verlauf gegenüber gestellt. Sechsmal besserte sich der Befund der MEP, wobei nur Latenzveränderungen von mehr als 2 ms berücksichtigt wurden. Der klinische Verlauf blieb bei 2 Patienten unverändert, 4mal zeigte sich zumindest eine subjektive Besserung. Bei unverändert langen Latenzen in 3 Fällen zeigte sich trotzdem eine deutliche Besserung des neurologischen Befundes. Einmal kam es zu einer Zunahme der Latenzen, der klinische Verlauf blieb dabei unverändert.

Die Mittelwerte der Leitungszeiten der motorisch evozierten Potentiale im Gesamtkollektiv prä- und postoperativ sind in Tabelle 3 zusammengestellt. Schon präoperativ lagen die Latenzen mit ihren Mittelwerten im oberen Grenzbereich des Normalkollektivs, bei den postoperativen Kontrollen war keine signifikante Änderung zu verzeichnen.

Tabelle 2. Klinischer Verlauf und Verlauf der MEP bei der postoperativen Kontrolle nach 6 Monaten für die Patienten mit präoperativ grob pathologischen Befunden (vgl. Abb. 1)

Latenzen		Klinik	
Unverändert	3	Gebessert	3
Schlechter	1	Unverändert	1
Besser	6	Gebessert	2
		Nur subjektiv gebessert	2
		Unverändert	2

Tabelle 3. Latenzmittelwerte der MEP nach Kortexstimulation und Stimulation über HWK 7, Mittelwerte der F-Wellenlatenz und der zentralen motorischen Leitungszeit (CMCT) präoperativ und bei der postoperativen Kontrolle nach 6 Monaten

	Präoperativ		Postoperativ	
	l	r	l	r
Kortex	24,5	25,2	24,8	25,4
CMCT	10,3	10,6	10,6	11,5
F-Welle	29,5	29,4	30,2	30,0
HWK$_7$	14,4	14,0	14,1	14,3

Diskussion

Die elektrophysiologischen Befunde bei der zervikalen Myelopathie im Rahmen einer degenerativen Erkrankung der HWS sind nicht einheitlich. Pathologische Befunde bei den somatosensibel evozierten Potentialen sind nur bei einem Teil der Patienten anzutreffen. Veränderungen des M-SEP hinsichtlich Latenz und Amplitude finden sich etwa bei der Hälfte der Patienten [4, 12, 13]. Der Anteil pathologischer Befunde ist etwas größer beim T-SEP und liegt für segmentale SEP und das T-SEP nach Doppelreiz bei 60% bis 80% [7, 11, 14]. Hinsichtlich ihrer Sensitivität bei der Erfassung pathologischer Befunde sind die MEP den T-SEP zumindest gleichwertig. Die Kombination der SEP mit den MEP erhöhte die Sensitivität der elektrophysiologischen Diagnostik in unserem Patientenkollektiv auf 80% auch bei strenger Definition der Normgrenzen. Die Anwendung beider Untersuchungsmodalitäten ist deshalb bei der CM zu empfehlen.

Bei Betrachtung der MEP fällt eine Patientengruppe besonders auf mit einer sehr ausgeprägten Verlängerung der Latenzen nach Kortexstimulation bzw. einer sehr langen zentralen motorischen Leitungszeit (CMCT) (10 von unseren 21 Patienten). Die CMCT kann Werte von 15 ms und länger erreichen, die sonst nur bei der multiplen Sklerose [3, 6] und bei einigen Heredoataxien [2] gemessen werden. Diese Patientengruppe zeigt gegenüber den anderen Patienten mit CM hinsichtlich der klinischen Befunde (Alter, Anamnesedauer, neurologisches Defizit) zwar keine für uns erkennbaren Besonderheiten. Dennoch muß man davon ausgehen, daß bei beiden Patientengruppen unterschiedliche pathogenetische Faktoren bei der Entwicklung der CM wirksam sind. Ob bei den Patienten mit langer CMCT ein demyelinisierender Prozeß eine Rolle spielt, kann möglicherweise in Zukunft durch die Kernspintomographie nachgewiesen werden.

In der postoperativen Verlaufskontrolle kommt es bei einem Teil der Patienten zu einer Besserung oder auch vollständigen Normalisierung der Befunde; dies gilt für die SEP und für die MEP sowohl hinsichtlich der Amplituden wie auch der Latenzen. Änderungen finden sich bei den frühen postoperativen Kontrollen nur ausnahmsweise. Befundbesserung werden im Zeitverlauf nach 3 Monaten und nach 6 Monaten zunehmend häufiger.

Langzeitbeobachtungen über 12 und 24 Monate erscheinen uns erforderlich, da nach 6 Monaten offensichtlich noch kein Endpunkt der postoperativen Entwicklung erreicht ist.

Eine Besserung der elektrophysiologischen Befunde korreliert bei den Kontrollen nach 6 Monaten nur bei einem Teil der Patienten mit einer Besserung der klinischen Symptomatik. Auch hier sind die Ergebnisse der Langzeitbeobachtungen abzuwarten.

Literatur

1. Abbruzzese G, Dall'agata D, Morena M, Simonetti S, Spadavecchia L, Severi P, Andrioli GC, Favale E (1988) Electrical stimulation of the motor tracts in cervical spondylosis. J Neurol Neurosurg Psychiatry 51:796–802
2. Claus D, Harding AE, Hess CW, Mills KR, Murray NMF, Thomas PK (1988) Central motor conduction in degenerative ataxic disorders: a magnetic stimulation study. J Neurol Neurosurg Psychiatry 51:790–795
3. Cowan JMA, Dick JPR, Day BL, Rothwell JC, Thompson PD, Marsden CD (1984) Abnormalities in central motor pathway conduction in multiple sclerosis. Lancet 11:304–307
4. El Negamy E, Sedgwick EM (1979) Delayed cervical somatosensory potentials in cervical spondylosis. J Neurol Neurosurg Psychiatry 42:238–241
5. Hacke W, Buchner H, Schnippering H, Karsten Ch (1987) Motorische Potentiale nach spinaler und transkranieller Stimulation: Normalwerte für die Ableitung ohne willkürliche Vorinnervation. Z EEG-EMG 18: 173–178
6. Hess CW, Mills KR, Murray NMMF (1986) Measurement of central motor conduction in multiple sclerosis by magnetic brain stimulation. Lancet II:355–358
7. Jörg J, Düllberg W, Koeppen S (1982) Diagnostic value of segmental somatosensory evoked potentials in cases with chronic progressive para- or tetraspastic syndromes. Adv Neurol 32:347–358
8. Ludolph AC, Eiger CE, Gössling JH, Hugon J (1987) Methodik und Normalwerte für die Ableitung evozierter motorischer Potentiale nach transkranieller Stimulation beim Menschen. Z EEG-EMG 18:32–35
9. Merton PA, Morton HB (1980) Stimulation of the cerebral cortex in the intact human subject. Nature 285:227
10. Merton PA, Morton HB, Hill DK, Marsden CD (1982) Scope of a technique for electrical stimulation of human brain, spinal cord, and muscle. Lancet 11:597–600
11. Schramm J (1980) Clinical experience with the objective localization of the lesion in cervical myelopathy. Adv Neurosurg 8:26–32
12. Siivola J, Sulg I, Heiskari M (1981) Somatosensory evoked potentials in diagnostics of cervical spondylosis and herniated disc. Electroencephalogr Clin Neurophysiol 52:276–282
13. Veilleux M, Daube JR (1987) The value of ulnar somatosensory evoked potentials (SEPs) in cervical myelopathy. Electroencephalogr Clin Neurophysiol 68:415–423
14. Wiedemayer H, Nau HE, Gerhardt H, Rusyniak G (1988) Doppelreizuntersuchung des N. tibialis bei spinalen Prozessen unter besonderer Berücksichtigung der zervikalen Myelopathie. Z EEG EMG 19:202

5 SEP – Längsschnittanalysen bei zervikaler Myelopathie

M. Strowitzki, K. Schwertfeger und J. Schleifer

Einleitung

Die überwiegende Anzahl der Studien mit somatosensorisch evozierten Potentialen (SEP) bei zervikaler Myelopathie beschäftigt sich mit der Korrelation zur Klinik, der Eingrenzung des Schädigungsortes bzw. differentialdiagnostischen Überlegungen [1–3, 5–7, 9, 11, 12, 14–16]. Der Stimulation von Beinnerven (N. tibialis, N. peronäus) und am Arm der des N. ulnaris wird dabei eine größere Sensitivität gegenüber der des N. Medianus zugesprochen [5, 14–16]. Der hohe Prozentsatz normaler SEP-Befunde überrascht. Eine Korrelation mit dem weiteren Verlauf der Erkrankung, insbesondere nach operativer Therapie ist aber bislang nur ausnahmsweise versucht worden [8]. Über postoperative SEP-Änderungen finden sich oft nur kurze Hinweise [4]. Ein Problem hierbei ist es sicherlich, daß für den intraindividuellen Längsschnitt bislang keine ausreichenden Methoden bestehen, die Signifikanz von Veränderungen in aufeinanderfolgenden Messungen zu beurteilen.

Wie kann gesichert werden, daß Latenz- oder Amplitudenveränderungen zwischen einer prä- und postoperativen Messung Operationsfolge sind und nicht durch unterschiedliche Signal-Rausch-Verhältnisse vorgetäuscht werden, z.B. einer größeren EMG-Kontamination einer der beiden Messungen?

In der Naturwissenschaft ist es üblich, nicht 2 einzelne Meßwerte miteinander zu vergleichen, sondern Meßserien und sie einem statistischen Test zu unterziehen. Ein derartiges Vorgehen wäre bei der visuellen Auswertung evozierter Potentiale insbesondere für die Routine viel zu zeitaufwendig, so daß hier nur rechnerunterstützte Verfahren zum Einsatz kommen können. In unserer Abteilung wurde ein derartiges Programm für das intraoperative Monitoring entwickelt [10], das in der Lage ist, EP-Registrierungen in Meßserien zu zerlegen, die interessierenden Parameter zu extrahieren und die Unterschiede durch einen statistischen Test zu überprüfen. Die Adaptation dieser Software für die Längsschnittanalyse von Standarduntersuchungen wird in diesem Artikel beschrieben.

Material und Methode

Es wurden 9 Fälle mit reiner Myelopathie ohne Zeichen einer Radikulopathie analysiert. Bei allen wurde eine operative Fusionierung nach Smith-Robinson

Steudel et al. (Hrsg.)
Evozierte Potentiale im Verlauf
© Springer-Verlag Berlin Heidelberg 1993

durchgeführt mit autologem Knochenspan aus dem Beckenkamm. Es wurde 2mal monosegmental fusioniert, 5mal in 2 Segmenten, 1mal in 3 und 1mal in 4 Segmenten. Insgesamt wurden 19 Segmente fusioniert, am häufigsten HWK4/5 mit 6 Fällen, gefolgt von HWK5/6 mit 5 Fällen und HWK3/4 bzw. HWK6/7 mit 4 Fällen. Das Segment HWK7/Th1 findet sich nicht.

Bei allen Patienten wurden Medianus und Tibialis evozierte somatosensorische Potentiale abgeleitet. Für die vorliegende Arbeit wurden aber nur die Medianus – SEP berücksichtigt. Die Stimulation erfolgte am Handgelenk mit Rechteckimpulsen von 0,2 ms Dauer und einer Reizstärke über der motorischen Schwelle. Ableitungen erfolgten vom Erb-Punkt, über den Dornfortsätzen von HWK7 und HWK2 sowie dem kontralateralen somästhetischen Areal (C3', C4'), alle A-bleitungen mit einer frontopolaren Referenz (Fpz). Geerdet wurde das rechte Mastoid. Insgesamt wurden 1024 Durchgänge gemittelt.

Die Prinzipien der Signalverarbeitung sind an anderer Stelle im Detail beschrieben [10] und sollen hier nur kurz zusammengefaßt werden. Das Programm zerlegt eine Messung aus 1024 Durchgängen in 8 Unterblöcke aus je 128 gemittelten Sweeps (Abb. 1). Ausgehend vom Gesamtmittel (unterste Reihe) wird für jeden Gipfel innerhalb eines bestimmten Latenzerwartungsfensters nach einem analogen Peak gesucht und der Gipfel akzeptiert, wenn er in mindestens 6 der 8 Unterblöcke präsent ist. Der Reproduzierbarkeitstest entspricht im Prinzip dem Vorgehen bei der visuellen Auswertung, die sich jedoch meistens auf den Vergleich von 2–3 Kurven beschränkt. Anschließend müssen die vom Rechner erkannten Gipfel einer bestimmten Welle zugeordnet werden, und dies erfolgt noch als interaktiver Dialog, d.h. der Rechner fragt, welcher der von ihm akzeptierten

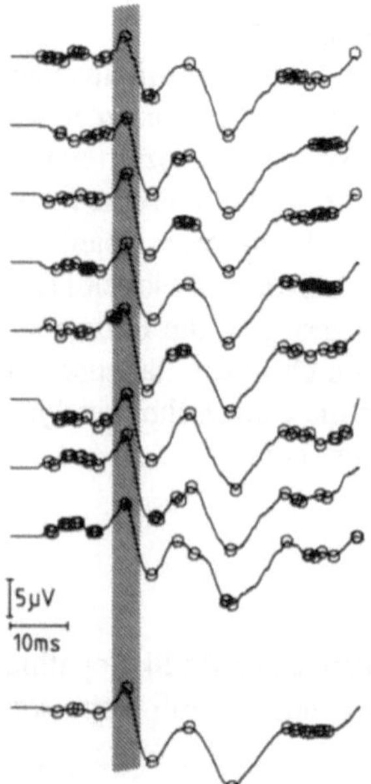

Abb. 1. Ableitung der kortikalen Antwort (C3' – Fpz) bei Stimulation des N. Medianus. 8 Unterblöcke aus je 128 gemittelten Sweeps. In der untersten Reihe ist das Gesamtmittel aus 1024 Durchgängen dargestellt. Eingezeichnet ist das Latenzerwartungsfenster, in dem der Computer nach korrespondierenden Peaks für den Gipfel des Gesamtmittels (hier N20) sucht

und anschließend durchnummerierten Gipfel entspricht z.B. N20, P27 etc. Da die Peakparameter Latenz und Amplitude in bis zu 8 Messungen bestimmt werden können, erhalten wir Informationen über die Streubreite dieser Werte. Die Ergebnisse beider Seiten bzw. zweier verschiedener Untersuchungstermine können nun mit Hilfe eines statistischen Tests auf signifikante Unterschiede überprüft werden. Wir wählten hierzu den Wilcoxon-Test für unverbundene Stichproben. In den folgenden Abbildungen wird auf die Darstellung der 8 Unterblöcke verzichtet.

Eine besondere Schwierigkeit ergab sich aus dem besonderen Interesse, das bei dem Krankheitsbild der zervikalen Myelopathie für die subcorticalen bzw. spinalen Komponenten N9, N11, N13a und b bzw. N14 (Abb. 2a) besteht. Die Erkennung dieser kleinen Wellen ist schwierig, z.T. sind sie nur als Knotung in einem aufsteigenden oder absteigenden Kurvenzug erkennbar (s. N11 in Abb. 2a). Die Verknüpfung des Erkennungsalgorithmus mit einem geeigneten digitalen Filter, konkret einem Bandpassfilter, ermöglicht es, auch diese Wellen rechnergestützt zu erfassen. Für die Ableitungen über Erb und dem Halsmark ist in Abb. 2a die gefilterte Kurve unter der Originalregistrierung dargestellt. Auf die Problematik der Signalverzerrung durch Filter kann hier aus Platzgründen nicht eingegangen werden. Für die Berechnung von Latenzen und Amplituden erfolgt aber in unserem Programm eine entsprechende Korrektur; Abb. 2b zeigt eine tabellarische Zusammenfassung der entsprechenden Werte.

Ergebnisse

Ableitungen erfolgten präoperativ (U1), postoperativ während des stationären Aufenthaltes (U2), 3 Monate (U3), 6 Monate (U4) und in einigen Fällen 12 Monate (U5) postoperativ. Aus den klinischen Befunden wurde ein Scorewert ermittelt, dessen Berechnung in Tabelle 1 zu sehen ist. Ein Scorewert von 10 Punkten bedeutet einen schlechten Befund; Null ist klinisch unauffällig.

Abbildung 3 zeigt eine Längsschnittanalyse bei einem Patienten mit einem günstigen klinischen Verlauf. In diesem Fall liegen Ableitungen zu den Terminen U1–U4 vor. Man erkennt eine auch in den ersten Ableitungen schon gut differenzierte Antwort in der praktisch alle kortikalen und subkortikalen bzw. spinalen Komponenten nachweisbar waren (Abb. 3a). Die Amplituden haben vielleicht im Verlauf etwas zugenommen. Amplituden sind in unserer Erfahrung gegenüber Latenzen weitaus variabler, so daß signifikante Änderungen sich eher in der Latenz manifestieren. Latenzen bzw. Interpeaklatenzen sind zusammen mit den klinischen Scorewerten in Form eines semischematischen Trenddiagrammes in Abb. 3b und c dargestellt. Man erkennt einen konstanten Verlauf. Zur Klinik ist zu erwähnen, daß bereits präoperativ nur geringe Myelopathiezeichen vorlagen mit Störung der Bauchhautreflexe und intermittierenden Kribbelparästhesien in allen Extremitäten. Ursache war eine dorsale Spondylose in Höhe HWK5/6 und HWK6/7, die den Spinalkanal auf kritische Werte einengte. Im Myelo-CT war in beiden Segmenten der ventrale Subarachnoidalschatten vollständig aufgebraucht.

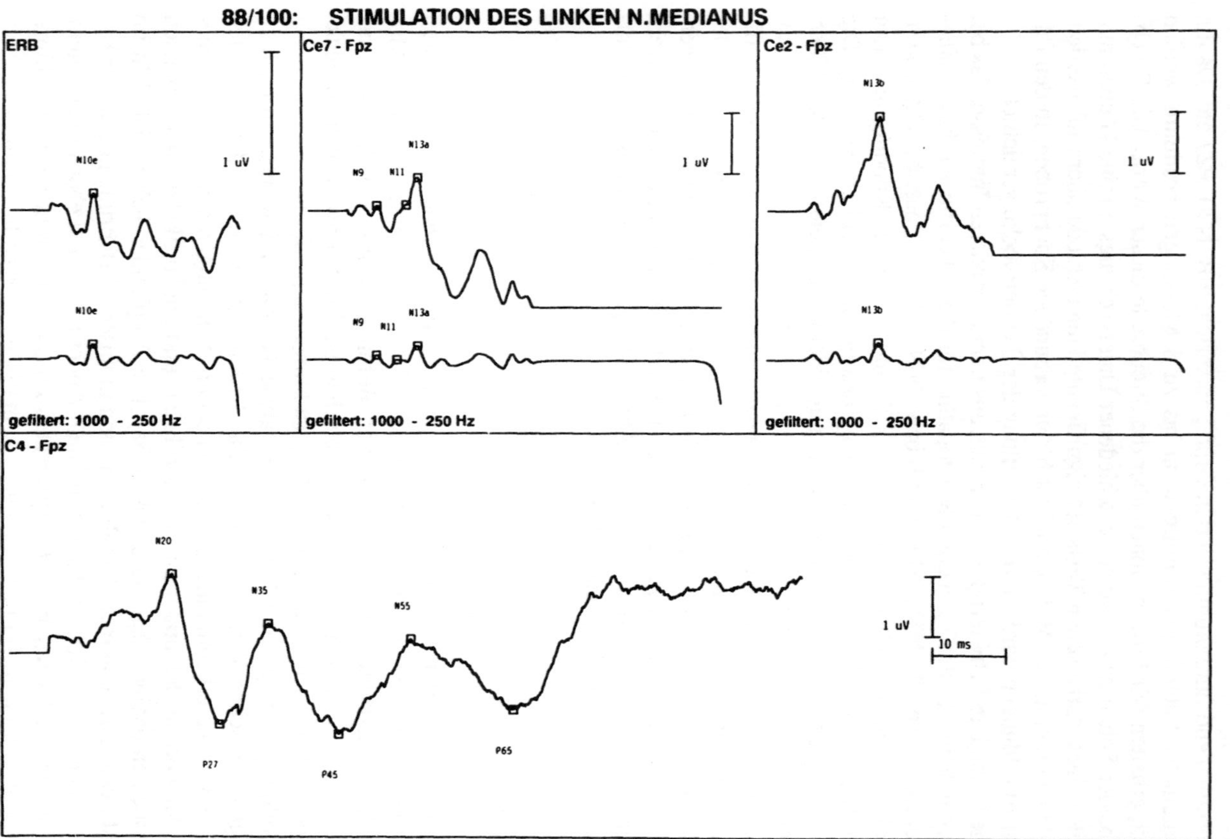
a
88/100:   STIMULATION DES LINKEN N.MEDIANUS
ERB
Ce7 - Fpz
Ce2 - Fpz
1 uV
1 uV
1 uV
N10e
N9   N11
N13a
N13b
N10e
N9   N11
N13a
N13b
gefiltert: 1000 - 250 Hz
gefiltert: 1000 - 250 Hz
gefiltert: 1000 - 250 Hz
C4 - Fpz
N20
N35
N55
P27
P45
P65
1 uV
10 ms

b

Latenzen (ms) - ungefiltert:

	N10e	N9	N11	N13a	N13b	N14	N20	P27	N35	P45	N55	P65
LINKS	10.8	9.3	12.2	14.7	15.1		21.6	28.5	35.4	45.0	54.4	69.0
RECHTS	9.3	9.2	11.6	15.8	15.5	16.6	21.3	28.3	34.7	42.9	54.1	63.5

	N10e-N9	N10e-N11	N10e-N13a PSCT	N10e-N13b	N10e-N14	N10e-N20	N13b-N20 CCT	N20/N13b CAR ( )
LINKS	-1.6	1.4	3.8	4.2		10.8	6.5	.8
RECHTS	.1	2.2	6.4	6.2	7.2	12.2	5.8	.9

Seitendifferenzen (ms) ungefiltert links - rechts:

	N10e	N9	N11	N13a	N13b	N14	N20	P27	N35	P45	N55	P65
Diff.	1.5	.0	.6	-1.1	-.5		.3	.2	.7	2.0	.3	5.5
Signif.	-	-	-	+	-	*	-	-	-	-	-	-

	N10e-N9	N10e-N11	N10e-N13a PSCT	N10e-N13b	N10e-N14	N10e-N20	N13b-N20 CCT	N20/N13b CAR ( )
Diff.	-1.7	-.9	-2.6	-2.0		-1.4	.7	-.1
Signif.	-	-	+	+	*	-	-	-

Abb. 2 a, b. Weitestgehend erhaltenes Medianus-SEP bei einem Patienten mit zervikaler Myelopathie. a Darstellung der Kurven bei Reizung links. Nur das Gesamtmittel aus 1024 Durchgängen ist dargestellt. Für die Ableitungen vom ERB-Punkt und über dem Halsmark sind unter den Originalregistrierungen bandpassgefilterte Kurven abgebildet. Die Terminologie der Peakbezeichnung ist angegeben und entspricht den Normbefunden unseres Labors. Eine N14-Welle fand sich in diesem Beispiel bei Reizung links allerdings nicht. b Tabellarische Zusammenfassung der Latenzen und Interpeaklatenzen. Die angegebenen Werte sind das arithmetische Mittel aus den im Rahmen der automatischen Peakerkennung bestimmten Einzelwerten. Als Amplitudenwert ist das Verhältnis zwischen N20 und N13b (CAR, „central amplitude ratio") zusätzlich angegeben. In den beiden unteren Reihen sind die Seitenunterschiede auf ihre Signifikanz überprüft (Wilcoxon-Test, 5% Irrtumswahrscheinlichkeit). Auffallend ist die Seitendifferenz der Latenz der N13a-Welle und die Verlängerung der Überleitung zwischen N10e (ERB-Potential) und den spinalen Komponenten N13a und N13b

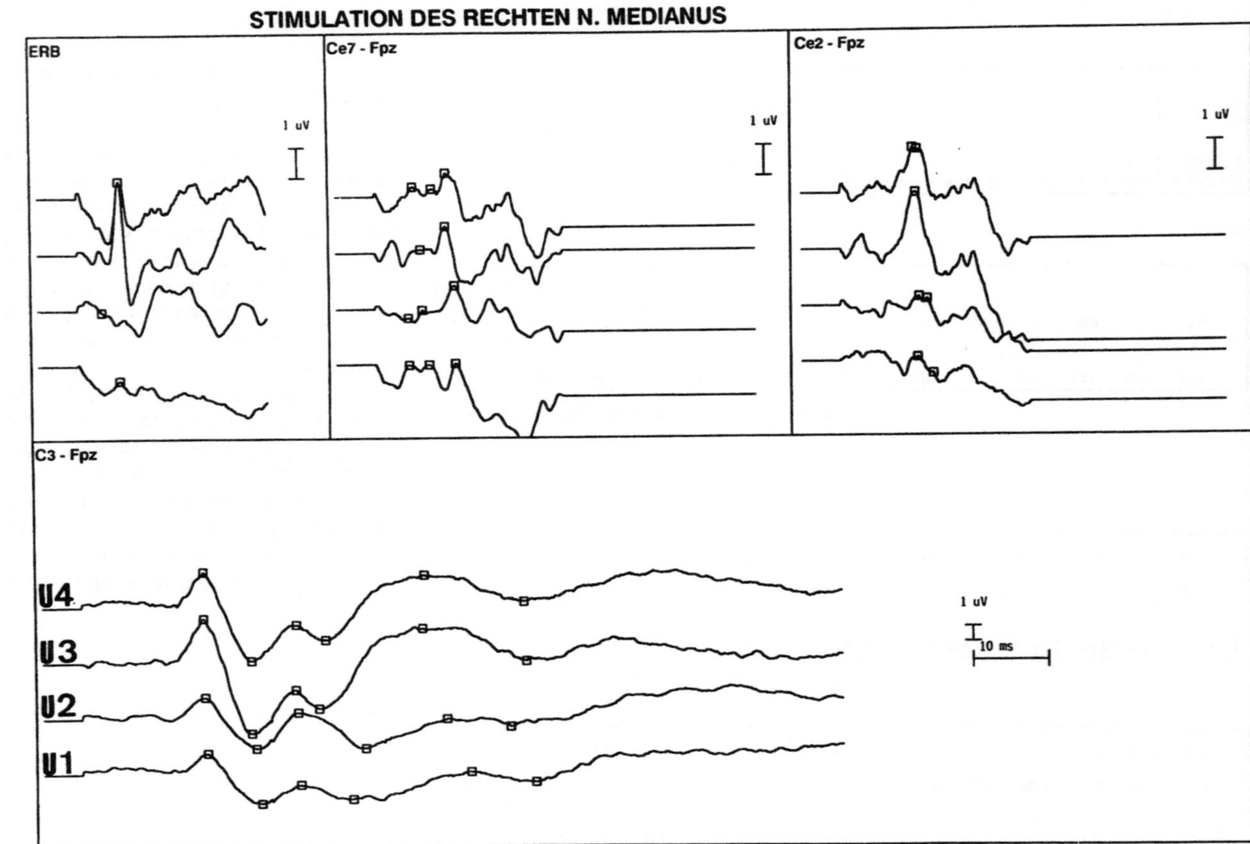
a
STIMULATION DES RECHTEN N. MEDIANUS
ERB
Ce7 - Fpz
Ce2 - Fpz
1 uV
1 uV
1 uV
C3 - Fpz
U4
U3
U2
U1
1 uV
10 ms

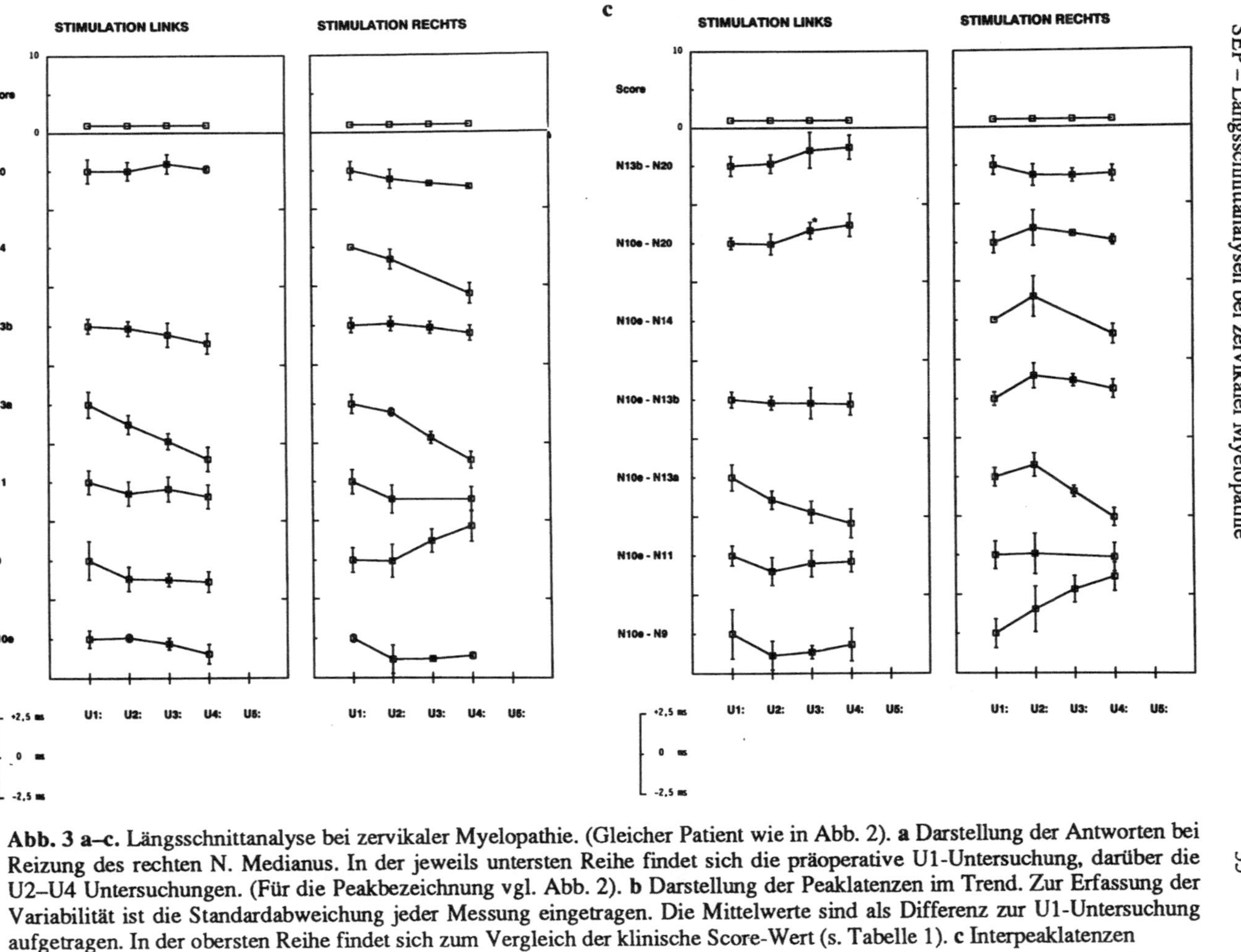

Abb. 3 a–c. Längsschnittanalyse bei zervikaler Myelopathie. (Gleicher Patient wie in Abb. 2). **a** Darstellung der Antworten bei Reizung des rechten N. Medianus. In der jeweils untersten Reihe findet sich die präoperative U1-Untersuchung, darüber die U2–U4 Untersuchungen. (Für die Peakbezeichnung vgl. Abb. 2). **b** Darstellung der Peaklatenzen im Trend. Zur Erfassung der Variabilität ist die Standardabweichung jeder Messung eingetragen. Die Mittelwerte sind als Differenz zur U1-Untersuchung aufgetragen. In der obersten Reihe findet sich zum Vergleich der klinische Score-Wert (s. Tabelle 1). **c** Interpeaklatenzen

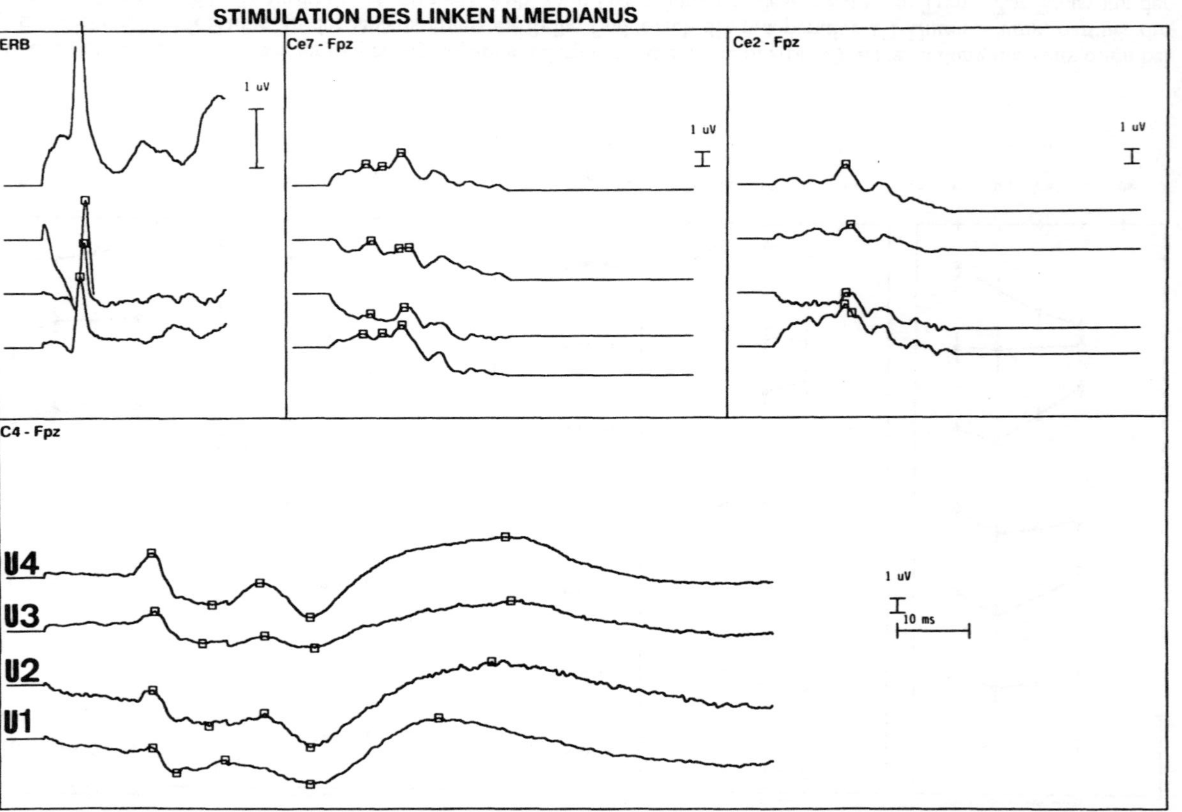
a
STIMULATION DES LINKEN N.MEDIANUS
ERB
Ce7 - Fpz
Ce2 - Fpz
1 uV
1 uV
1 uV
C4 - Fpz
U4
U3
U2
U1
1 uV
10 ms

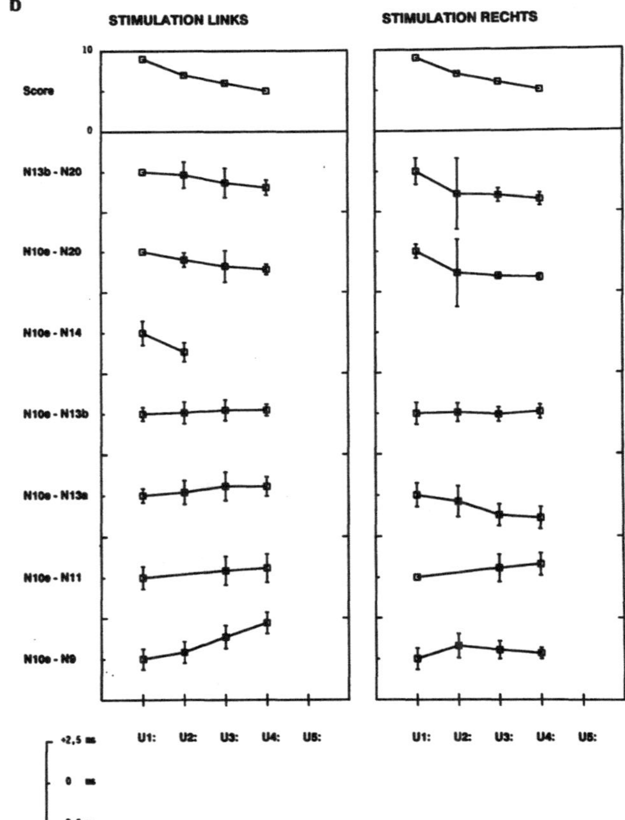

Abb. 4 a, b. Längsschnittanalyse bei zervikaler Myelopathie; Fall 2. **a** Reizung des linken N. Medianus. Darstellung der U1 – (*unterste Reihe*) bis U4 – (*oberste Reihe*) Ableitungen. **b** Trenddiagramm der Interpeaklatenzen und des klinischen Scores

Tabelle 1. Scorewerte

Bauchhautreflexe	unauffällig	0
	gestört	1
Muskeleigenreflex	unauffällig	0
	distal betont	1
Sensibilität	unauffällig	0
	gestört	1
Pathologische Reflexe	keine	0
	Knips/Trömner pos.	1
	Babinski pos.	2
Muskeltonus	unauffällig	0
	erhöht	1
	stark erhöht	2
Miktion/Defäkation	unauffällig	0
	gestört	1
Gangbild	unauffällig	0
	leichte Ataxie	1
	schwere Ataxie	2

Es resultieren Scorewerte zwischen 0 und 10

Im nächsten Fall (Abb. 4) finden wir eine relativ schlechte klinische Ausgangssituation (schwere spastisch-ataktische Gangstörung) jedoch mit einer beachtlichen Regenerationstendenz (vgl. den klinischen Score in Abb. 4b). Dazu kontrastiert die Konstanz der Latenzen bzw. Interpeaklatenzen (keine signifikanten Änderungen). Die Betrachtung der Originalregistrierungen (Abb. 4a) läßt jedoch erkennen, daß auch hier präoperativ schon relativ gut strukturierte Antworten vorlagen.

Abbildung 5 stammt von einem Patienten mit einer schweren Myelopathie, die nur eine ganz geringe Erholungstendenz aufwies. Dargestellt sind nur die spinalen Antworten, die präoperativ z.T. fehlten, postoperativ zeitweilig abgrenzbar wurden, bei auffallend langen und im Verlauf wieder zunehmenden Latenzen.

Der letzte Fall (Abb. 6) schließlich beschreibt eine Patientin mit einem initialen Bandscheibenvorfall HWK4/5. Postoperativ kam es zu einer Besserung der Klinik, dann aber später jedoch zu einer erneuten Verschlechterung auf dem Boden einer progredienten Spondylose HWK5/6, so daß eine Fusionierung auch dieses Segmentes erfolgen mußte. Die Interpeaklatenzen blieben anfänglich konstant, zeigten dann aber vor allem bei Reizung rechts eine signifikante Verzögerung der Überleitung zu N13a und N13b, die der klinischen Verschlechterung um einen Untersuchungstermin vorauseilte.

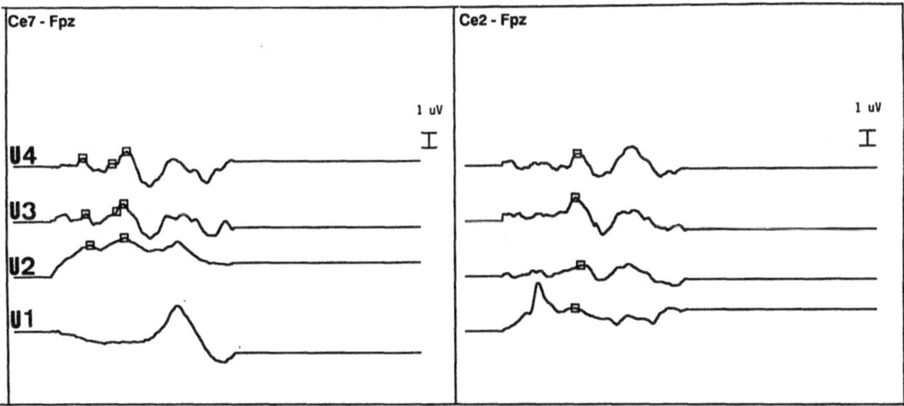

Abb. 5. Längsschnittanalyse bei zervikaler Myelopathie; Fall 3. Dargestellt sind nur die spinalen Antworten bei Reizung des linken N. Medianus. In der präoperativen Ableitung (*unterste Reihe*) fehlen über HWK7 die Wellen N9, N11 und N13a, über HWK2 ist N13b noch zu erkennen. Im Verlauf sind die Wellen wieder abgrenzbar, ihre Latenz bleibt aber verlängert

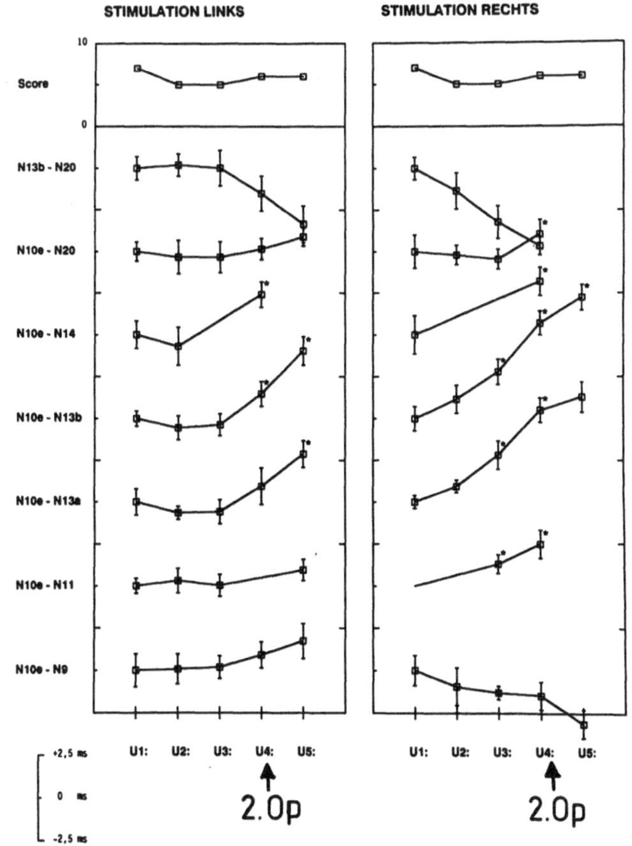

Abb. 6. Längsschnittanalyse bei zervikaler Myelopathie; Fall 4. Trenddiagramm der Interpeaklatenzen und des klinischen Scores. Einzelheiten s. Text

Diskussion

Ein wesentlicher Bestandteil unserer Untersuchungen bestand aus methodischen Aspekten, da die konventionelle Weise der Kurvenevaluation nicht geeignet scheint, etwaige Änderungen im untersuchten Beobachtungszeitraum sicher zu interpretieren. Die Möglichkeit, mit Hilfe unserer Software innerhalb eines Patienten einen statistisch überprüften Trend zu dokumentieren, ist sicherlich ein wesentliches Hilfsmittel, artefizielle Änderungen von wirklichen Trends zu differenzieren. Schwierigkeiten ergeben sich noch bei primär, d.h. präoperativ schwer gestörten SEP-Befunden, die Veränderungen im Verlauf adäquat zu erfassen und darzustellen. Hier ist es nicht ausreichend, die präoperative Ableitung des Patienten als eigene Referenz zu nehmen; der Normwertebereich muß mitberücksichtigt werden. Der Fall der Abb. 5 ist ein Beispiel hierfür: eine Trenddarstellung wie in den anderen Fällen war z.T. nicht möglich bzw. ergab schwer interpretierbare Sprünge. An einer entsprechenden Verbesserung unseres Programms wird noch gearbeitet.

Die dargestellten Fälle weisen in sich eine gewisse Schlüssigkeit auf. Es fanden sich 2 Fälle guter Prognose bei präoperativ normalem SEP-Befund und umgekehrt 1 Fall mit präoperativ v.a. spinal erheblich gestörten Antworten bei fehlender klinischer Besserung. Eindeutige Verbesserungen der SEP fanden sich im bislang untersuchten Krankengut postoperativ nicht. Den einzigen signifikanten Trend sahen wir in Form einer elektrophysiologischen und interessanterweise erst später einsetzenden klinischen Verschlechterung. Im konkreten Fall war eine zweite operative Intervention notwendig, da es zur erneuten Rückenmarkkompression gekommen war.

Extrapolationen sind bei der geringen untersuchten Fallzahl sicherlich noch verfrüht. Die Befunde decken sich immerhin mit den bislang spärlichen Erfahrungen der Literatur [8] und würden auf eine prognostische Aussagekraft der Medianus evozierten SEP deuten. Falls sich diese Hypothese bei größerer Fallzahl bestätigen sollte, müßte die relativ geringe Korrelation zwischen Klinik und Medianus-SEP in einem neuen Licht gesehen werden: Medianus-SEP bestätigen nicht den klinischen und nicht den radiologischen Befund, sie geben Auskunft über die potentielle Regenerationsfähigkeit des Rückenmarks.

Die Autoren danken A. Conrad, E. Feith, K. Kiefer und M. Krewer für die Hilfe bei den Ableitungen. Ferner danken wir W. Czech und R. Koop für die Erstellung der Abbildungen, sowie Herrn Prof. W. I. Steudel für die kritische Durchsicht und Verbesserung des Manuskripts.

Literatur

1. El Negamy E, Sedgwick EM (1979) Delayed cervical somatosensory potentials in cervical spondylosis. J Neurol Neurosurg Psychiatry 42:238–241
2. Fukushima T, Mayanagi Y (1975) Neurophysiological examination (SEP) for the objective diagnosis of spinal lesions. Adv Neurosurg 2:158–168

3. Ganes T (1980) Somatosensory conductions times and peripheral, cervical and cortical evoked potentials in patients with cervical spondylosis. J Neurol Neurosurg Psychiatry 43:683–689

4. Jörg J, Hielscher H (1990) Evozierte Potentiale in Klinik und Praxis, 2. Aufl. Springer, Berlin Heidelberg New York Tokyo

5. Kerth F, Steudel WI, Köpke S (1991) Ist die neurophysiologische Diagnostik ein Gewinn für die Indikationsstellung zur Operation bei zervikaler Myelopathie? In: Delank HW, Schmitt E (Hrsg) Die Wirbelsäule in Forschung und Praxis, Bd. 113: Zervikale Myelopathien – Aktuelle Aspekte. Hippokrates, Stuttgart, S 42–47

6. Mastaglia FL, Black JL, Edis R, Collins DWK (1978) The contribution of evoked potentials in the functional assessment of the somatosensory pathway. Clin Exp Neurol 15:179–198

7. Noël P, Desmedt JE (1980) Cerebral and far-field somatosensory evoked potentials in neurological disorders involving the cervical spinal cord, brainstem, thalamus and cortex. Progr Clin Neurophysiol 7:205–230

8. Pelosi L, Lanzillo B, Perretti A, Crisci C, Caruso G (1990) Somatosensory evoked potentials and motor cortex stimulation in myelopathies. Electroencephalogr Clin Neurophysiol [Suppl] 41:292–297

9. Riffel V, Stöhr M, Petruch F, Ebensperger H, Scheglmann K (1982) Somatosensory evoked potentials following tibial nerve stimulation in multiple sclerosis and space-occupying spinal cord diseases. Adv Neurol 32:493–500

10. Schwerdtfeger K (1991) An automatic peak detection and evaluation program for somatosensory evoked potential (SSEP) monitoring. In: Schramm J, Moller AR (eds) Intraop.neurophysiol monitoring. Springer, Berlin Heidelberg New York Tokyo, pp 28–37

11. Siivola J, Sulg I, Heiskari M (1981) Somatosensory evoked potentials in diagnostics of cervical spondylosis and herniated disc. Electroencephalogr Clin Neurophysiol 52:276–82

12. Stöhr M, Büttner UW, Fiffel B, Koletzki E (1982) Spinal somatosensory evoked potentials in cervical cord lesions. Electroencephalogr Clin Neurophysiol 54:257–265

13. Stöhr M, Dichgans J, Diener HC, Büttner UW (1989) Evozierte Potentiale, 2. Aufl. Springer, Berlin Heidelberg New York Tokyo

14. Veilleux M, Daube JR (1987) The value of ulnar somatosensory evoked potentials (SEPs) in cervical myelopathy. Electroencephalogr Clin Neurophysiol 68:415–423

15. Yiannikas C, Shahani BT, Young RR (1986) Short-latency somatosensory-evoked potentials from radial, median, ulnar and peroneal nerve stimulation in the assessment of cervical spondylosis. Comparison with conventional electromyography. Arch Neurol 43:1264–1271

16. Yu YI, Jones SJ (1985) Somatosensory evoked potentials in cervical spondylosis: correlation of median, ulnar and posterior tibial nerve responses with clinical and radiological finding. Brain 108:273–300

6 Tibialis-SEP bei zervikaler Myelopathie und bei chronisch progredienter MS: Ein Vergleich*

K. Dworschak und K. Lauer

Einleitung

Seit der Erstbeschreibung der SEP [1] und ihrem Eingang in die klinische Neurologie [10] kam diese Untersuchungsmethode bei zahlreichen Erkrankungen zum Einsatz, wobei aber wegen der besonderen Problematik klinisch stummer Herde die MS ganz im Vordergrund stand [2, 4, 6, 10, 12, 13]. Dabei stellte sich auch die Frage nach der Möglichkeit einer differentialdiagnostischen Abgrenzung zu Erkrankungen mit ähnlichem Verlauf und ähnlicher Symptomatik wie beispielsweise der zervikalen Myelopathie (CM) [8]. In der vorliegenden Studie wurde versucht, differentialdiagnostische SEP-Kriterien zwischen beiden Erkrankungen herauszuarbeiten.

Patienten und Methode

Untersucht wurden 50 hospitalisierte Patienten mit primär oder sekundär chronischer MS im Alter von 26 bis 65 Jahren (Mittel 42,8 Jahre) und 35 Patienten mit zervikaler Myelopathie (CM) im Alter von 33–76 Jahren (Mittel 56,0 Jahre). Die mittlere Krankheitsdauer betrug bei den MS-Kranken 8,7, bei den CM-Patienten 3,2 Jahre. Das Ausmaß der Behinderung, ausgedrückt in einer dreistufigen Skala, war bei den MS-Kranken grenzwertig signifikant stärker (Tabelle 1) $(0,05 < p < 0,1$; χ^2-Anpassungstest). Die Ursache der CM waren osteogene oder diskogene Kompressionen mit oder ohne primär angelegtem oder sekundär erworbenem engem Spinalkanal. Ein Patient hatte eine Arnold-Chiari-Mißbildung. Von den 35 Patienten wurden 27 operiert.

Die Untersuchungen wurden mit dem DA II (2-Kanal) (Fa. Tönnies, Freiburg) vorgenommen. Die Stimulation erfolgte am Malleolus medialis, die Ableitung 2 cm dorsal von Cz gegen Fz. Lumbale Ableitungen erfolgten nicht, dafür wurden bei allen Patienten der H-Reflex beidseits oder eine periphere Nervenleitgeschwindigkeit gemessen. Patienten mit pathologischen Meßergebnissen wurden ausgeschlossen. Gemittelt wurden 512 Durchläufe. Zur Auswertung kamen die auf 1 m Körperlänge bezogene P40-Latenz (normal bis 25,7 ms/m), die Seitendifferenz der Latenz (normal bis 1,6 ms/m) und die Amplitude P40/N50 (normal

* Mit Unterstützung der gemeinnützigen Hertie-Stiftung, Frankfurt am Main.

Steudel et al. (Hrsg.)
Evozierte Potentiale im Verlauf
© Springer-Verlag Berlin Heidelberg 1993

Tabelle 1. Behinderungsgrad bei 50 MS- und 35 CM-Kranken

	MS(n = 50)	CM (n = 35)
Ohne Hilfsmittel	24 (48%)	25 (71,4%)
Mit Hilfsmittel	17 (34%)	5 (14,3%)
Rollstuhl/Bett	9 (18%)	5 (14,3%)

> 1 μV). Die statistische Auswertung erfolgte mittels χ^2-Test (mit Yates-Korrektur).

Ergebnisse

In jeder Beziehung normale Befunde wiesen 3 von 50 MS- und 5 von 35 CM-Kranken auf (Unterschied nicht signifikant). Der Anteil der Patienten mit verzögerter Latenz oder fehlendem Potential (ein- oder beidseitig) sowie der Patienten mit ein- oder beidseitig fehlendem Potential war grenzwertig signifikant höher bei den MS-Kranken (Tabelle 2). Hingegen war der Anteil der Patienten mit beidseitig pathologischem Befund (Latenzverzögerung oder fehlendes Potential) nicht unterschiedlich (Tabelle 2). Für die Amplitudenparameter (ein- oder beidseitige Reduktion bzw. fehlendes Potential; einseitige gegenüber beidseitiger Abnormität) war kein Unterschied zwischen beiden Gruppen erkennbar. Eine pathologische Seitendifferenz oder ein einseitig fehlendes Potential fand sich bei 18/33 MS-Kranken (54,5%) gegenüber 5/29 (17,2%) Patienten mit CM (p < 0,01).

Diskussion

Nach früheren Untersuchungen soll eine relativ klare Differenzierung zwischen MS und CM dadurch möglich sein, daß erstere als polytope Entmarkungskrankheit in erster Linie mit Latenzverzögerungen, letztere hingegen als lokales Kompressionsphänomen mit Amplitudenveränderungen einhergehen soll [7, 8, 11]. Diese Befunde konnten in unserem Krankengut nicht bestätigt werden: Weder Häufigkeit noch Ausmaß der Latenzverzögerungen oder der Amplitudenveränderungen wiesen signifikante Unterschiede auf. In Einzelfällen waren auch bei der CM extreme Latenzverzögerungen zu registrieren, wie sich auch umgekehrt bei MS-Kranken z.T. erhebliche Amplitudenreduktionen fanden. Somit ergeben sich elektrophysiologische Hinweise sowohl auf eine häufigere fokale Entmarkung im Rahmen der CM als auch auf partielle axonale Leitungsblöcke bei der MS. Die von uns, ebenso wie zuvor von Lehmann et al. [3], gefundene häufigere Seitendifferenz der SEP-Latenz kann als Ausdruck des häufigeren asymmetrischen Befalls der Hinterstrang- bzw. lemniskalen Bahnen bei der MS im Gegensatz zu dem eher symmetrischen Schädigungsmuster bei der CM interpretiert werden und als differentialdiagnostisches Kriterium mit herangezogen werden.

Tabelle 2. Ergebnisse der Latenzuntersuchung bei 50 MS- und 35 ZM-Patienten

		MS	CM	χ^2	p
I	Ein- oder beidseits pathologische Latenz oder kein Potential	46/50 (92%)	26/35 (74%)	3,71	$0,05 < p < 0,1$
II	Ein- oder beidseits kein Potential	25/50 (50%)	10/35 (29%)	3,06	$0,05 < p < 0,1$
III	Beidseits pathologischer Befund (Latenzverzögerung oder kein Potential)	35/50 (70%)	23/35 (66%)	0,03	n.s.
IV	Beidseits kein Potential	17/50 (34%)	6/35 (17%)	2,17	n.s.

Tabelle 3. Amplitudenbefunde

		MS	CM	χ^2	p
I	Ein- oder beidseits Amplituden-Reduktion oder kein Potential	33/50 (66%)	22/35 (63%)	0,005	n.s.
II	Beidseits Amplitudenreduktion oder beidseits kein Potential	27/50 (54%)	14/35 (40%)	0,12	n.s.

Literatur

1. Dawson GD (1947) Cerebral responses to electrical stimulation of peripheral nerve in man. J Neurol Neurosurg Psychiatry 10:134–137
2. Desmedt JE (1973) Average cerebral evoked potential in the evaluation of lesions of the sensory nerves and of the central somatosensory pathway. In: Desmedt JE (ed) New developments in electromyography and clinical neurophysiology, vol 2. Karger, Basel, pp 352–371
3. Lehmann D, Gabathaler U, Baumgartner G (1979) Right/left differences of median nerve evoked scalp potentials in multiple sclerosis. J Neurol 221:15–24
4. Matthews WB, Wattam-Bell JRB, Pountney E (1982) Evoked potentials in the diagnosis of multiple sklerosis: a follow up study. J Neurol Neurosurg Psychiatry 45:303–307
5. McDonald WI (1977) Pathophysiology of conduction in central nerve fibres. In: Desmedt JE (ed) Visual evoked potential in man. New development. Oxford University Press, Oxford, pp 427–437
6. Riffel B, Stöhr M (1982) Spinale und subkortikale somatosensorisch evozierte Potentiale nach Stimulation des N. tibialis. Arch Psychiatr Nervenkr 232:251–263
7. Riffel B, Stöhr M, Petruch F, Ebensperger H, Scheglmann K (1982) Somatosensory evoked potentials following tibial nerve stimulation in multiple sclerosis and space-occupying spinal cord diseases. In: Courjon J, Mauguiere F, Revol M (eds) Clinical applications of evoked potentials in neurology. Raven, New York, pp 493–550
8. Riffel B, Stöhr M, Ebensperger H, Petruch F (1983) Somatosensorisch evozierte Potentiale nach Tibialisstimulation in der Differentialdiagnose von Rückenmarkserkrankungen. Akt Neurol 10:147–151
9. Shibasaki H, Kagigi R, Tsuji S, Kimura S, Kuroiwa Y (1982) Spinal and cortical somatosensory evoked potentials in Japanese patients with multiple sclerosis. J Neurol Sci 57:441–453
10. Starr A (1978) Sensory evoked potential in clinical disorders of the nervous system. Ann Rev Neurosci 1:103–127
11. Stöhr M, Dichgans J, Diener HC, Büttner UW (1989) Evozierte Potentiale. Springer, Berlin Heidelberg New York Tokyo, S 176
12. Tachmann W (1985) Somatosensorisch evozierte Potentiale in der Diagnostik der Multiplen Sklerose. Akt Neurol 12:49–52
13. Trojaborg W, Petersen E (1979) Visual und somatosensory evoked cortical potentials in multiple sclerosis. J Neurol Neurosurg Psychiatry 42:323–330

7 Motorisch evozierte Potentiale zur Verlaufsbeurteilung zervikaler Myelopathien

J. Herdmann, F. Ulbrich-Kunesch, J. Dvořák, M. Bettag,
C. B. Lumenta und W. J. Bock

Einleitung

Motorisch evozierte Potentiale, die durch transkranielle Magnetstimulation ausgelöst werden, haben sich in der Diagnostik von Erkrankungen der Wirbelsäule
mit einer Beteiligung der motorischen Bahnen als zuverlässig und empfindlich
erwiesen [1, 3, 4]. Es konnten läsionsspezifische Veränderungen nachgewiesen
werden [5].

Ziel dieser Studie war es, herauszufinden, ob MEP eine Verlaufsbeurteilung
der Läsionen der motorischen Bahnen bei Patienten mit einer zervikalen Myelopathie ermöglichen und welche Parameter bzw. die Untersuchung welcher Muskeln hierfür geeignet sind.

Methoden

Es wurden 19 Patienten (6 weiblich, 13 männlich) mit klinisch und neuroradiolo-
gisch gesicherter Diagnose einer zervikalen Myelopathie untersucht. Sie waren
31–71 Jahre alt (MW ± SD: 52 ± 12 Jahre), 6 waren jünger als 50 Jahre. Alle Patienten wurden an unserer Klinik im Bereich der Halswirbelsäule operiert: bei allen wurde eine ventrale Fusionsoperation nach Smith-Robinson in 1–2 Etagen
durchgeführt, bei 3 zusätzlich eine Laminektomie. Alle wurden präoperativ, bin-
nen 4 Wochen nach der Operation sowie zu einem Zeitpunkt mindestens 1 Jahr
nach der Operation (1,5 ± 0,4 Jahre) klinisch und neurophysiologisch (MEP) untersucht. Die klinischen Untersuchungen erfolgten unter besonderer Berücksichtigung der motorischen Leistungen, so daß eine Einteilung in Schweregrade gemäß
Tabelle 1 durchgeführt werden konnte. Die MEP wurden von den Mm. biceps
brachii, abductor digiti minimi und tibialis anterior jeweils auf beiden Seiten abgeleitet. Die Stimulation erfolgte mit einem MAGSTIM-200-Magnetstimulator
(Madaus Medizin Elektronik, Gundelfingen/Frbg.). Bei der transkraniellen Stimulation wurde die 1,5fache Schwellenreizstärke, bei der Wurzelstimulation eine
niedrigere Reizstärke, die zu einem Potential mit einem scharfen negativen Ab-
gang führte, verwendet [6]. Aus der Latenzdifferenz nach transkranieller und nach
Wurzelstimulation errechnete sich die sog. zentrale motorische Latenz (CMCT).
Es wurden jeweils die CMCT, die Amplitude, die Potentialdauer sowie die Anzahl
der Phasen des MEP nach transkranieller Stimulation (d.h. des kortikalen MEP)

Steudel et al. (Hrsg.)
Evozierte Potentiale im Verlauf
© Springer-Verlag Berlin Heidelberg 1993

Tabelle 1. Einteilung der klinischen Schweregrade

	Gehen/ Treppen- steigen	Reflexe Spastik/ PBZ	Paresen/ Feinmotorik
Grad 1	> 1000 m/ problemlos	lebhaft/ ø PBZ	keine Paresen/ unauffällig
Grad 2	< 500 m/ erschwert	gesteigert/ Bab. +	leichte Paresen und Störung
Grad 3	< 100 m, Gehstütze	↑↑, Kloni Bab. +	< °IV/ Hilfsperson
Grad 4	wenige Schritte, Hilfsperson, Rollstuhl	ausgeprägte Tetra- spastik	< °III/ nur residuell

beurteilt. Einzelheiten zur Stimulationstechnik, Ableitung und Auswertung der MEP sind der Literatur zu entnehmen [2, 5, 6].

Im Rahmen dieser Studie wurden die Ergebnisse der letzten postoperativen Untersuchung mit den Ergebnissen der ersten, d.h. präoperativen Untersuchung verglichen, um den Langzeitverlauf nach chirurgischer Dekompression des Myelons zu beurteilen. Bei den motorisch evozierten Potentialen wurden jeweils die CMCT, Amplitude, Dauer und Anzahl der Phasen, jeweils separat für den Biceps brachii, Abductor digiti minimi und den Tibialis anterior, beurteilt. Diese Parameter wurden einzeln, ebenso wie der klinische Verlauf, mit „besser", „gleich" oder „schlechter" bewertet und jeweils separat mit dem klinischen Verlauf korreliert. Die statische Auswertung und Beurteilung erfolgte mit dem T-Test sowie mit dem χ^2-Test bzw. mit dem nach Kendall korrigierten Pearson-Kontingenzkoeffizienten [7]. Zur Auswertung wurde das Programm StatView (Abacus Concepts) für Apple Macintosh verwendet.

Ergebnisse und Diskussion

Postoperativ kam es bei der Mehrzahl der Patienten mit mittlerem klinischen Schweregrad 2 und 3 (s. Tabelle 1) zu einer Besserung, die auch nach Ablauf eines Jahres anhielt (Tabelle 2). Patienten mit Schweregrad 4 besserten sich dagegen nicht.

Im Vergleich zu der präoperativen MEP-Untersuchung zeigten die *Mittelwerte* der CMCT, der Amplitude, der Dauer und der Anzahl der Phasen bei der Untersuchung mindestens 1 Jahr postoperativ für keinen der 3 Muskeln eine signifikante Veränderung (T-Test: p > 0,05). Für die Korrelation mit dem klinischen Verlauf muß jedoch jeder Patient separat betrachtet, d.h. jeder Parameter intraindividuell hiermit verglichen werden.

                                                          J. Herdmann et al.

Tabelle 2. Klinischer Verlauf

	präoperativ	≤ 1/2 Jahr postoperativ	≥ 1 Jahr postoperativ
Grad 1	0	3	2
Grad 2	5	7	10
Grad 3	10	7	2
Grad 4	4	1	5

Abbildung 1 stellt die postoperativen Langzeitveränderungen der CMCT für die einzelnen Muskelpaare dem klinischen Verlauf gegenüber. Obwohl sich Klinik und CMCT meist gleichsinnig verhielten (klinische Besserung und kürzere CMCT oder klinische Verschlechterung und Zunahme der CMCT), war bei den ungleichen Verläufen das klinische Ergebnis häufig besser, als es die CMCT-Daten vermuten ließen. Um Aufschluß über den Zusammenhang einzelner MEP-Parameter der verschiedenen untersuchten Muskeln mit dem klinischen Verlauf zu gewinnen, wurden die jeweiligen Kontingenzkoeffizienten berechnet.

Die höchsten Kontingenzkoeffizienten und damit der deutlichste Zusammenhang mit der Klinik wurde für den Biceps brachii und für den Tibialis anterior gefunden (Abb. 2). CMCT und Anzahl der Potentialphasen korrelierten bei beiden Muskeln am besten mit der Klinik, Potentialamplituden und -dauer dagegen weniger.

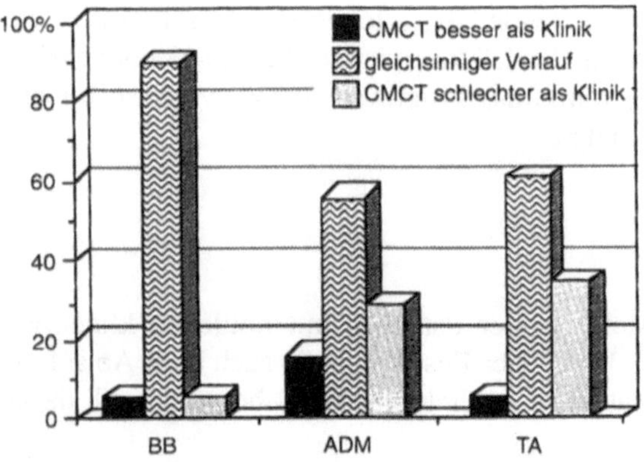

Abb. 1. Vergleich zwischen klinischem und CMCT-Langzeitverlauf. Beide Parameter wurden mit besser, gleich oder schlechter beurteilt. So ergaben sich bei den einzelnen Patienten entweder „gleichsinnige" Verläufe oder Verläufe bei denen die CMCT-Entwicklung besser oder schlechter war als der klinische Verlauf. Der höchste Anteil gleichsinniger Verläufe fand sich für den Biceps brachii. *CMCT* zentrale motorische Latenz; *BB* M. biceps brachii; *ADM* M. abductor digiti minimi; *TA* M. tibialis anterior

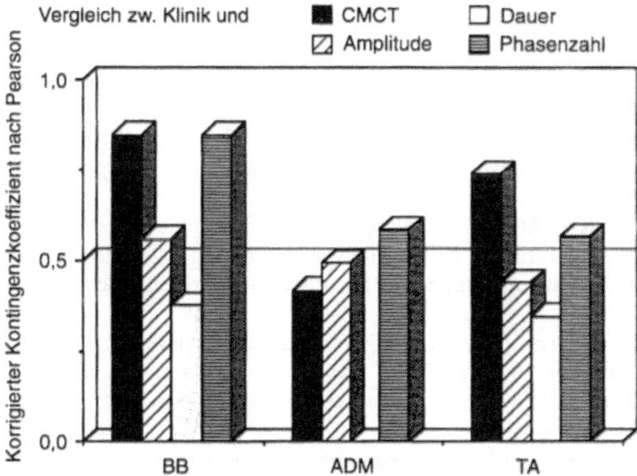

Abb. 2. Nach Kendall korrigierte Pearson-Kontingenzkoeffizienten für die Korrelation des klinischen Verlaufs mit den MEP-Parametern zentrale motorische Latenz (*CMCT*), Amplitude, Potentialdauer sowie Anzahl der Phasen für die Mm. biceps brachii (*BB*), abductor digiti minimi (*ADM*) und tibialis anterior (*TA*). Die höchsten Kontingenzkoeffizienten ergaben sich bei den Vergleichen „Klinik – CMCT" und „Klinik – Phasenzahl" beim BB und TA

Eine langfristige Amplitudenzunahme im Sinne einer Besserung war tendenziell beim Tibialis anterior am deutlichsten. Dieser Muskel erscheint für Verlaufsuntersuchungen gut geeignet. Dagegen wird die klinische Bedeutung der CMCT des Biceps brachii durch die Tatsache eingeschränkt, daß dieser Muskel bei vielen Patienten auch präoperativ nicht betroffen ist. Die diagnostische Bedeutung der Dauer der MEP beim Bizeps und beim Abductor digiti minimi ist schwer einzuordnen, da sowohl eine Verkürzung als auch eine Verlängerung der Potentiale als Verschlechterung angesehen werden können, je nachdem ob eine Wurzel- oder eine zentrale Läsion vorliegt [5].

Postoperativ sind bei dem schweren Krankheitsbild der zervikalen Myelopathie im Gegensatz zu den schubweise verlaufenden entzündlichen, demyelinisierenden Erkrankungen dramatische klinische Besserungen und Normalisierungen der MEP nicht zu erwarten. Trotzdem kann die Magnetstimulation als objektive neurophysiologische Methode ergänzende Informationen über die Funktionstüchtigkeit spinaler motorischer Bahnen liefern. Bereits im Frühstadium der Erkrankung zeigen MEP-Parameter wie CMCT und Phasenzahl eine Beteiligung dieser Bahnen an und weisen bei guter Korrelation mit dem klinischen Bild auf die weitgehende Irreversibilität dieser Schädigung hin.

Literatur

1. Dvořák J, Herdmann J, Janssen B, Theiler R, Grob D (1990) Motor evoked potentials in patients with cervical spine disorders. Spine 15:1013–1016
2. Dvořák J, Herdmann J, Theiler R (1990) Magnetic transcranial brain stimulation: painless evaluation of central motor pathways. Normal values and clinical application in spinal cord diagnostics: upper extremities. Spine 15:155–160
3. Dvořák J, Herdmann J, Theiler R (1991) Clinical application of motor evoked potentials in disorders of the spine. In: Shimoji K, Kurokawa T, Tamaki T, Willis WDJ (Hrsg) Spinal cord monitoring and electrodiagnosis. Springer, Berlin Heidelberg New York Tokyo, pp 262–272
4. Dvořák J, Herdmann J, Theiler R, Grob D (1991) Magnetic stimulation of motor cortex and motor roots: painless evaluation of central and proximal peripheral motor pathways. Normal values and clinical application in disorders of the lumbar spine. Spine 16:955–961
5. Herdmann J, Dvořák J, Bock WJ (1991) Motor evoked potentials in patients with spinal disorders: upper and lower motor neurone affection. Electromyogr Clin Neurophysiol 32:323–330
6. Herdmann J, Dvořák J, Theiler R, Meyer BU, Benecke R (1989) Die Magnetstimulation des zentralen und peripheren Nervensystems. Eine neue Methode zur Beurteilung der Funktion motorischer Leitungsbahnen. In: Kügelgen B, Hillemacher A (Hrsg) Problem Halswirbelsäule. Springer, Berlin Heidelberg New York Tokyo, pp 63–83
7. Sachs L (1978) Angewandte Statistik. Springer, Berlin Heidelberg New York pp 371–373

8 Wertigkeit von Verlaufsuntersuchungen mit MEP bei spinalen Erkrankungen

B. Meyer und J. Zentner

Einleitung

Mit Verfügbarkeit der transkraniellen elektrischen und magnetoelektrischen Stimulation des motorischen Kortex und Ableitung elektromyographischer Antworten (motorisch evozierte Potentiale, MEP) steht die Möglichkeit einer nichtinvasiven Beurteilung der deszendierenden Bahnsysteme zur Verfügung [2, 7]. Inzwischen liegen zahlreiche Erfahrungen mit der Anwendung von MEP im Tierexperiment sowie am Menschen vor [1, 3–6, 8–10]. Entsprechend diesen Untersuchungen sind MEP nicht nur sensitiv im Hinblick auf klinisch manifeste Läsionen im Bereich der deszendierenden Bahnsysteme, sondern auch was die Erfassung subklinischer Läsionen angeht. Die Frage, ob MEP auch ein objektives Maß zur Verlaufsbeurteilung der Rückenmarksfunktion darstellen können, wurde bislang nicht erörtert. Ziel dieser Studie war es daher, zu klären, wie sich die motorischen Potentialbefunde bei Verlaufsuntersuchungen über einen kürzeren und längeren Zeitraum hinweg im Vergleich zur Entwicklung des klinisch fassbaren motorischen Status verhalten. Hierzu wurden die klinischen und elektrophysiologischen Befunde von 42 Patienten mit spinalen Erkrankungen miteinander in Beziehung gesetzt.

Patienten und Methoden

Patienten

Untersucht wurden insgesamt 42 Patienten (26 männlich, 16 weiblich) im Alter von 26 bis 77 Jahren (Durchschnittsalter 52 Jahre). Bei 15 Patienten lag eine zervikale Myelopathie, bei 11 ein spinaler Tumor, in 8 Fällen eine arteriovenöse Malformation und in 3 Fällen eine Syringomyelie vor. Fünf Patienten hatten ein spinales Trauma. Der Läsionsort war zervikal in 24 Fällen, thorakal in 13 Fällen und thorakolumbal in 5 Fällen. Alle Patienten wurden neurochirurgisch behandelt.

Methoden

Die zentrale Reizung des motorischen Beinfeldes wurde bei allen 42 Patienten elektrisch (Digitimer D 180) als auch magnetoelektrisch (Magstim, Novametrix,

Steudel et al. (Hrsg.)
Evozierte Potentiale im Verlauf
© Springer-Verlag Berlin Heidelberg 1993

1,5 Tesla) durchgeführt. Die periphere Leitungszeit wurde stets durch elektrische
Reizung der lumbalen Vorderwurzeln bestimmt. Es wurden nur Einzelreize in einem zeitlichen Abstand von 5 s angewandt. Die Stimulationsstärke lag jeweils
20% über dem Schwellenwert zur Auslösung einer motorischen Antwort bzw.
wurde stufenweise bis zur maximal möglichen oder tolerierten Grenze erhöht. Die
Ableitung der elektromyographischen Antworten erfolgte unter Verwendung von
EMG-Oberflächenelektroden vom M. tibialis anterior („belly/tendon-fashion“).
Die magnetoelektrisch evozierten Potentiale wurden durch willkürliche Vorspan-
nung des Zielmuskels mit etwa 10% der maximalen Kraft fazilitiert, während die
elektrische Untersuchung bei entspannter Muskulatur durchgeführt wurde.

Folgende Potentialbefunde wurden als pathologisch bewertet: Ein- oder beid-
seitiges Fehlen von elektromyographischen Antworten und Verlängerung der zentralen motorischen Überleitungszeit (CMCT) auf mehr als 14,0 ms (elektrische
Stimulation) bzw. über 16,3 ms (magnetoelektrische Reizung). Zur Beurteilung
der Potentialbefunde im Verlauf wurde das Verhalten der Latenzzeiten herangezogen: eine elektrophysiologische Verschlechterung/Verbesserung bedeutet Zunah-
me/Abnahme der CMCT um mehr als 2 ms.

Der initiale klinische und elektrophysiologische Status wurde bei allen Patienten präoperativ definiert. Kurzfristige Verlaufsuntersuchungen erfolgten innerhalb
der ersten 2 Wochen postoperativ und wurden bei allen 42 Patienten durchgeführt.
Zusätzlich erfolgten langfristige klinische und elektrophysiologische Verlaufsuntersuchungen über einen Zeitraum von 6–13 Monate an insgesamt 9 Patienten. Bei
im Vergleich zu den Voruntersuchungen unveränderten MEP-Befunden wurden
die Ableitungen jeweils einfach, bei Abweichungen davon stets mehrfach kontrolliert.

Ergebnisse

Kurzfristige Verlaufsuntersuchungen

Innerhalb der ersten 2 postoperativen Wochen war der klinisch-motorische Status
bei 19 Patienten (42,2%) im Vergleich zum präoperativen Zustand unverändert, in
16 Fällen (38,1%) gebessert und in 7 Fällen (16,7%) verschlechtert. Demgegenüber waren die MEP-Befunde in 35 Fällen (80,3%) unverändert. Eine elektrophysiologische Besserung konnte in keinem Fall beobachtet werden. Die Konstanz
und Besserung der klinischen Befunde ging stets mit einer Konstanz der elektrophysiologischen Befunde einher. Alle 7 Patienten (16,7%), die sich klinisch verschlechtert hatten, zeigten auch eine Verschlechterung der Potentialbefunde (Tabelle 1).

Tabelle 1. Korrelation Klinik / MEP: Kurzfristige Verlaufsuntersuchungen (1–2 Wochen)

MEP Klinik	Besser (n) [%]		Gleich (n) [%]		Schlechter (n) [%]		Gesamt (n) [%]	
Besser	–	–	16	38,1	–	–	16	38,1
Gleich	–	–	19	45,2	–	–	19	45,2
Schlechter	–	–	–	–	7	16,7	7	16,7
Gesamt	–	–	35	83,3	7	16,7	42	100,0

Langfristige Verlaufsuntersuchungen

Die klinische Nachuntersuchung der insgesamt 9 Patienten in einem Zeitraum zwischen 6 und 13 Monaten zeigte jeweils in 3 Fällen (33,3%) eine Besserung, Konstanz und Verschlechterung des Befundes. Bei den 6 Patienten (66,7%), die klinisch unverändert oder gebessert waren, zeigten die Potentialbefunde im Verlauf keine Änderung. Eine elektrophysiologische Verbesserung war in keinem Fall zu beobachten. Die 3 Patienten (33,3%), die sich klinisch verschlechtert hatten, zeigten auch nach den elektrophysiologischen Kriterien im Verlauf eine Verschlechterung (Tabelle 2).

Zusammenfassung und Diskussion

Während die Wertigkeit von MEP bei der diagnostischen Erfassung von Läsionen im Bereich der deszendierenden Bahnsysteme hinreichend dokumentiert ist [1, 3–6, 8–10], liegen bislang keine hinreichenden Erfahrungen bezüglich der Wertigkeit von MEP als objektives Maß zur Beurteilung der Rückenmarkfunktion im Verlauf vor. Diese Frage zu klären war der Gegenstand der vorliegenden Studie.

Entsprechend unserer Ergebnisse konnte in keinem einzelnen Fall die Verbesserung des klinischen Befundes elektrophysiologisch nachvollzogen werden. Bei allen diesen Patienten waren die Potentialbefunde im Verlauf unverändert. Dage-

Tabelle 2. Langfristige Verlaufsuntersuchungen. Die Befunde von 9 Patienten sind dargestellt

MEP Klinik	Besser (n) [%]		Gleich (n) [%]		Schlechter (n) [%]		Gesamt (n) [%]	
Besser	–	–	3	33,3	–	–	3	33,3
Gleich	–	–	3	33,3	–	–	3	33,3
Schlechter	–	–	–	–	3	33,3	3	33,3
Gesamt	–	–	6	66,6	3	33,3	9	100,0

gen ging die Verschlechterung des klinischen Zustandes stets mit einer Verschlechterung der Potentialbefunde einher. Diese Ergebnisse gelten sowohl für kurzfristige (1–2 Wochen) als auch für langfristige (6–13 Monate) Verlaufsbeobachtungen. Ferner konnten in unserer Serie keine Unterschiede zwischen der elektrischen und magnetoelektrischen Stimulationstechnik festgestellt werden.

Beurteilungskriterium für elektrophysiologische Veränderungen war das Verhalten der Latenzzeit. Man könnte spekulieren, ob die Einbeziehung zusätzlicher Kriterien wie etwa das Verhalten der Amplitude von zusätzlichem Nutzen wäre. Es hat sich jedoch gezeigt, daß die Amplitude in Abhängigkeit von Vorinnervation und Position von Stimulations- und Ableiteelektroden außerordentlich variabel und somit für Vergleichsuntersuchungen nicht brauchbar ist [6].

Zusammenfassend läßt sich nach unseren Erfahrungen feststellen, daß nur die Verschlechterung des klinischen Zustandes zuverlässig mit einer Verschlechterung der Potentialbefunde einhergeht. Die klinische Besserung wird dagegen elektrophysiologisch nicht erfaßt. Damit ist der Nutzen von MEP als objektives Maß zur Verlaufsbeurteilung des funktionellen Zustandes der deszendierenden Bahnsysteme wesentlich eingeschränkt und kann nur darin gesehen werden, in einzelnen Fällen eine Verschlechterung der Rückenmarkfunktionen auch dann rechtzeitig zu erkennen, wenn die Ergebnisse der klinischen Untersuchung infolge schmerzbedingter Schonhaltung oder mangelnder Kooperationsfähigkeit nur eingeschränkt verwertbar sind.

Literatur

1. Abbruzzese G, Dall'Agata D, Morena M, Simonetti S, Spadavecchia L, Severi P, Andrioli GC, Favale E (1988) Electrical stimulation of the motor tracts in cervical spondylosis. J Neurol Neurosurg Psychiatry 51:796–802
2. Barker AT, Jalinous R, Freeston IL (1985) Non-invasive magnetic stimulation of the human motor cortex. Lancet I:1106–07
3. Claus D (1989) Die transkranielle motorische Stimulation. Fischer, Stuttgart
4. Cusick JF (1989) Monitoring of cervical spondylotic myelopathy. Spine 13:877–880
5. Fehlings MG, Tator CH, Linden RD, Piper IR (1987) Motor evoked potentials recorded from normal and spinal cord injured rats. Neurosurgery 20:126–130
6. Hess CW, Mills KR, Murray NMF (1986) Magnetic stimulation of the human brain: facilitation of motor response by voluntary contraction of ipsilateral and contralateral muscles with additional observation on a amputee. Neurosci Lett 71:235–240
7. Merton PA, Morton HB (1980) Stimulation of the cerebral cortex in the intact human subject. Nature 285:277
8. Patil AA, Nagaray MP, Mehta R (1985) Cortically evoked motor action potentials in spinal cord injury research. Neurosurgery 16:473–476
9. Rossini PM, Caramia MD, Zarola F (1987) Mechanism of nervous propagation along central motor pathways: non-invasive evaluation in healthy subjects and in patients with neurological disease. Neurosurgery 20:183–191
10. Zentner J, Rieder G (1990) Diagnostic significance of motor evoked potentials in space-occupying lesions of the brain stem and spinal cord. Eur Arch Psychiatr Neurol Sci 239:285–289

9 MR-tomographische und elektrophysiologische Befunde bei 10 Patienten mit Syringomyelie: Eine Verlaufsuntersuchung über 2 Jahre

H. Masur, C. Oberwittler, G. Reuther und G. G. Brune

Einleitung

Das morphologische Substrat der Syringomyelie besteht aus einer Höhlenbildung, die initial meist die graue Rückenmarksubstanz befällt. Das klinische Vollbild der Erkrankung ist durch periphere und zentrale Paresen, eine dissoziierte Empfindungsstörung sowie ein Schmerzsyndrom und trophische Störungen gekennzeichnet. Der Verlauf der Erkrankung ist im Einzelfall sehr unterschiedlich [3, 4]. Die Meinungen zum Erfolg operativer Maßnahmen sind geteilt [2]. Diese Meinungsdifferenzen mögen z.T. daran liegen, daß sich sowohl die morphologischen als auch die funktionellen Defizite bei Patienten mit Syringomyelie nur schwer quantifizieren lassen. Dies wiegt um so schwerer, als bislang noch keine Verlaufsuntersuchungen zu dieser Erkrankung vorliegen, die sowohl morphologische als auch funktionelle Aspekte berücksichtigen.

Ziel der vorliegenden Untersuchung war es zu prüfen, ob sich bei Patienten mit Syringomyelie mit dem MRT oder mit elektrophysiologischen Methoden (SEP und MEP) in einem Beobachtungszeitraum von 2 Jahren signifikante Veränderungen aufdecken lassen.

Patienten und Methode

Es wurden 10 Patienten mit einer Syringomyelie untersucht. Sie unterschieden sich deutlich hinsichtlich des Alters, der Dauer der Erkrankung und des Schweregrades. Bei allen Patienten wurden bei der Erstuntersuchung und nach 2 Jahren folgende Untersuchungen durchgeführt: Anamneseerhebung, neurologische Untersuchung, Scorebestimmung, Tibialis-SEP, MEP (abgeleitet vom M. tibialis anterior), Bestimmung morphologischer Parameter im MRT. Alle Patienten wurden bezüglich ihres Behinderungsgrades eingestuft; 0–11 Punkte waren erreichbar [1]. Bei den Tibialis-SEP erfolgten die Potentialabgriffe über L1 und Cz. Bei den motorisch evozierten Potentialen wurde bei Ableitung vom M. tibialis anterior über dem Kortex und L1 stimuliert. Durch Subtraktion der peripheren Latenz von der Gesamtlatenz wurde jeweils eine zentrale Latenz berechnet. An den MRT-Bildern (Spinechozeit von 15–17 ms; Repetitionszeit von 500–600 ms; Dicke der t1-gewichteten Bilder = 4–5 mm; Intervall = 0–1,5 mm) wurden die folgenden Parameter bestimmt: Durchmesser der Zyste (im Bereich des maximalen a.-p.-Durch-

Steudel et al. (Hrsg.)
Evozierte Potentiale im Verlauf
© Springer-Verlag Berlin Heidelberg 1993

messers), Durchmesser des verbliebenen Rückenmarks an derselben Stelle, Durchmesser des knöchernen Wirbelkanals an derselben Stelle. Berechnet wurden ferner das Verhältnis Zyste zu Rückenmark, und Zyste plus Rückenmark zu Kanal. Für den statistischen Vergleich der Befunde zu den 2 Zeitpunkten wurde für quantitative Merkmale (die morphologischen oder elektrophysiologischen Werte) der Wilcoxon-Test für verbundene Stichproben und für qualitative Merkmale (klinische Befunde, Scores) der Vorzeichentest verwendet.

Ergebnisse

Es soll hier nicht herausgearbeitet werden, wie viele Patienten verzögerte Latenzen aufwiesen und zu welchem Anteil auf subklinische Defizite hingewiesen wurde. Das ist bereits an anderer Stelle an einem größeren Kollektiv geschehen. Es soll nur erwähnt sein, daß bei 22 Patienten zwischen morphologischen Parametern und klinischen bzw. elektrophysiologischen Parametern kein enger Zusammenhang bestanden hatte. Der Vergleich der klinischen Befunde und der Scorewerte zu den beiden Untersuchungszeitpunkten ergab keine wesentlichen Unterschiede. Die Verteilungen der morphologischen und elektrophysiologischen Parameter zu den beiden Untersuchungszeitpunkten sind in Abb. 1 und 2 dargestellt. Signifikante Differenzen ergeben sich in keinem der Fälle.

Diskussion

Im Gruppenvergleich zwischen den beiden Untersuchungen waren also insgesamt keine signifikanten Unterschiede feststellbar. Beim einzelnen Patienten hatten sich

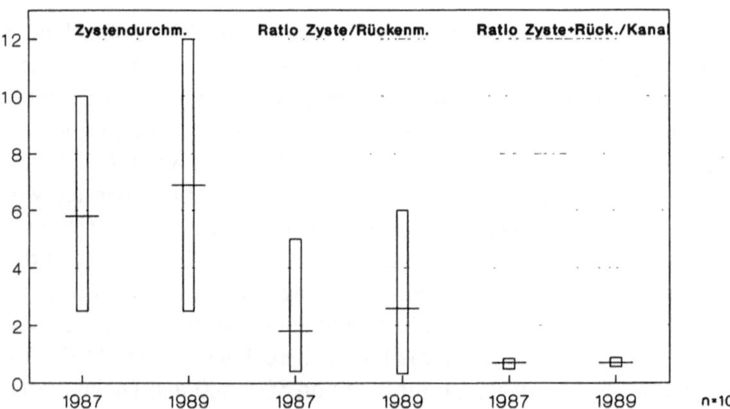

Abb. 1. Vergleichende Darstellung der morphologischen Parameter zu den jeweiligen Untersuchungszeitpunkten. Dargestellt sind der Mittelwert sowie der minimale und maximale Wert

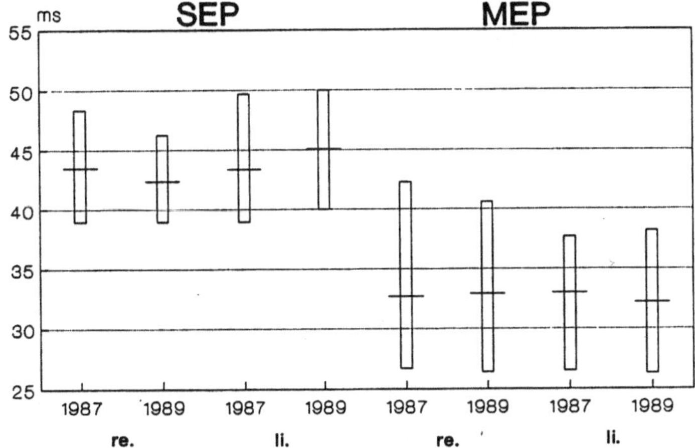

Abb. 2. Vergleichende Darstellung der SEP- und MEP-Gesamtlatenzen zu den jeweiligen Untersuchungszeitpunkten getrennt für rechte und linke Ableitungen bei 10 Patienten mit Syringomyelie. Dargestellt sind der Mittelwert sowie der minimale und maximale Wert

die subjektiven Beschwerden z.T. verändert, hauptsächlich verschlechtert, die objektiven Parameter waren dagegen konstant geblieben. Angesichts der doch recht kleinen Patientengruppe mag es Zufall sein, daß wir lauter Patienten in einer recht inaktiven Phase der Erkrankung erwischt haben. Andererseits deutet das Ergebnis vielleicht doch auch dahin, daß die Erkrankung weniger dynamisch ist als angenommen. Ausgehend von dem Wissen, daß in einer Querschnittsuntersuchung elektrophysiologische und morphologische Daten nicht korrelieren, sollte man erwarten, klinische und elektrophysiologische Veränderungen zu finden ohne auf veränderte morphologische Parameter zu stoßen (oder umgekehrt). Es ist weiter davon auszugehen, daß dies an einem größeren Patientengut oder bei längerer Beobachtungsdauer sichtbar wäre.

Literatur

1. Grant R, Hadley DM, Macpherson P, Condon B, Patterson J, Bone I, Teasdale GN (1987) Syringomyelia: cyst measurement by magnetic resonance imaging and comparison with symptoms, signs and disability. J Neurol Neurosurg Psychiatry 50:1008–1014
2. Logue V, Edwards MR (1981) Syringomyelia and its surgical treatment – an analysis of 75 cases. J Neurol Neurosurg Psychiatry 44:273–284
3. Schliep G (1978) Syringomyelia and syringobulbia. In: Vinken PJ, Bruyn GW (eds) Handbook of clinical neurology. Elsiever/North Holland Biochemical, Amsterdam, pp 255–327
4. Victor M, Adams RD (1985) Diseases of spinal cord. In: Principles of neurology. McGraw-Hill, New York, pp 665–698

10 Prä- und postoperative MEP-Verlaufsuntersuchungen bei intramedullären Prozessen

L. Cristante und H.-D. Herrmann

Seit die magnetische transkranielle Stimulation des Motorkortex in unserer Abteilung eingeführt wurde, steht uns eine neue Möglichkeit der perioperativen Monitorisierung für Patienten mit intramedullären Prozessen zur Verfügung. Solche Patienten, die ein Schwerpunkt unserer klinischen Tätigkeit darstellen, wurden früher mittels somato-sensorischen evozierten Potentialen (SEP) untersucht. Die Information die man bekam, ließ keine sicheren Rückschlüsse über den Zustand des motorischen Systems zu. In der Tat werden die SEP-Signale größtenteils durch den Fasciculus gracilis, cuneatus bzw. den dorsalen Tractus spinocerebellaris geleitet [1, 5]; während des Eingriffes werden solche Strukturen durch die dorsale Myelothomie verhältnismäßig stärker traumatisiert als die mehr ventrolateral gelegenen motorischen Bahnen.

Bisher wurden 21 Patienten (75 Ableitungen) untersucht. Es handelte sich um 12 zervikale/zervikothorakale und 9 thorakale Prozesse (6 Ependymome, 5 Astrozytome, 4 Angioblastome, 1 Lipom, 2 Dura-AV-Fisteln, 1 AV-Malformation, 2 Myelitiden unklarer Genese).

Die Stimulations-/Registrierungsvorrichtung bestand aus einem Novametrix Magstim (Novametrix, U.K.) und Medelecsensor ER-94 (Medelec, U.K.). Die Registrierungsparameter waren: Hi.-Filter 2 kHz, Lo.-Filter 30 Hz, Verstärkung 1 mV. Die transkranielle Stimulation erfolgte über Cz für die obere Extremität und einige Zentimeter ventral davon für die untere. Die motorisch evozierten Potentiale (MEP) wurden vom Bizeps (Bi), Abductor digiti minimi (ADM), Tibialis anterior (TA) und Soleus (So) abgeleitet. Um die zentrale Latenz (CMCT) errechnen zu können, wurde die periphere Latenz (PMCT) von ADM durch magnetische Stimulation der Wurzel am Nacken und die von TA durch Bestimmung der F-Welle registriert. Aufgrund erheblicher interindividueller Schwankungen der CAMP-Amplitude wurde in dieser Studie meist nur die Latenz berücksichtigt. Als Referenz galten Normwerte unseres Labors: Bi $11,3 \pm 1,2$ ms; ADM $20,1 \pm 1,6$ ms, CMCT $6,1 \pm 0,6$ ms; TA $28,5 \pm 1,5$ ms, CMCT $11,7 \pm 1,3$ ms; So $29,2 \pm 1,5$ ms.

Bei den präoperativen Ableitungen wurde bei 97 (83%) von 116 Muskeln, die aufgrund der Topographie des Prozesses hätten in Mitleidenschaft gezogen werden können, eine pathologische CAMP-Latenz registriert: Bi $15,3 \pm 3,2$ ms; ADM $24,8 \pm 2,9$ ms, CMCT $21,9 \pm 3,3$ ms; TA $40,4 \pm 3,7$ ms, CMCT $21,9 \pm 3,3$; So $44,0 \pm 3,6$ ms; darunter waren 13 Muskeln nach klinischen Kriterien unauffällig. In der akuten postoperativen Phase (bis zu 48 h nach dem Eingriff) gab es parallel

Steudel et al. (Hrsg.)
Evozierte Potentiale im Verlauf
© Springer-Verlag Berlin Heidelberg 1993

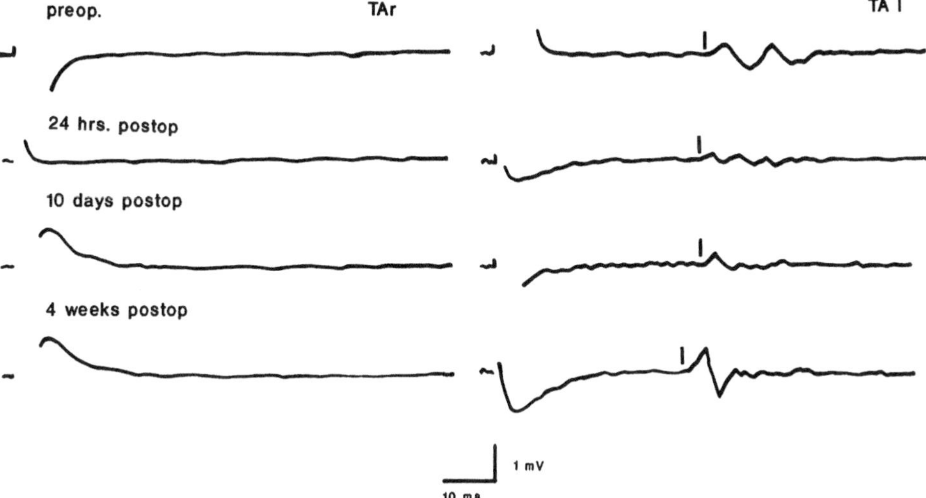

Abb. 1. MEP-Ableitungen eines 47jährigen Patienten mit einer AV-Durafistel in Höhe BWK 8–9. Präoperativ lag eine schwere Paraparese vor, wobei der rechte TA plegisch war. Als Folge einer postoperativen Verschlechterung wurde auch der linke TA plegisch; ein CAMP war noch registrierbar. Erst am 7. postoperativen Tag war eine Kontraktion des Muskels spürbar

zu einer transitorischen Verschlechterung des klinischen Zustandes der Patienten eine Zunahme der CAMP-Latenz: Bi 16,6 ± 3,1 ms; ADM 25,4 ± 2,8 ms, CMCT 11,0 ± 2,4 ms; TA 42,3 ± 3,9 ms, CMCT 21,9 ± 3,3 ms; So 46,0 ± 3,5 ms. In dieser Phase wurden 15 Muskeln plegisch (1 ADM, 9 TA, 5 So). Ihre präoperativen neurophysiologischen Parameter (Latenz und Amplitude) waren: ADM 29,8 ms, 0,4 mV, CMCT 15,2 ms; TA 49,8 ± 1,6 ms, 0,6 ± 0,4 mV, CMCT 32,4 +/ 0,8 ms; So 48,8 ± 0,8 0,6 ± 0,2. Nach 3–10 Tagen ließ sich bei 12 Muskeln eine Kontraktion feststellen, während die restlichen 4 auch bei späteren Kontrollen plegisch blieben. In der akuten postoperativen Phase, d.h. als die Muskeln noch klinisch plegisch waren, konnte man in 10 von diesen 12 Fällen eine CAMP registrieren: ADM 32,8 ms, 0,3 mV, TA 54,4 ± 2,3 ms, 0,5 ± 0,2 mV; So 51,2 ± 1,8, 0,4 ± 0,1 (s. Abb. 1). Zum Zeitpunkt der Entlassung (10–18 Tage postoperativ) war der klinische (motorische) Zustand von 5 Patienten (23,8%) (s. Abb. 2) mit den präoperativen vergleichbar; in den restlichen 17 Fällen (72,2%) war er schlechter. Die Ableitungen zu jenem Zeitpunkt ergaben folgendes: Bi 13,8 ± 3,1 ms; ADM 22,4 ± 2,9, CMCT 7,9 ± 2,3 ms; TA 33,7 ± 3,9 ms, CMCT 17,8 ± 3,2 ms; So 37,6 ± 3,4 ms. Bei späteren Ableitungen (2–6 Monate nach der Entlassung) von 16 Patienten, die zu einer ambulanten Kontrolluntersuchung kamen, war keine weitere Besserung der CAMP-Latenzen zu registrieren: Bi 13,6 ± 3,2 ms; ADM 22,5 ± 2,8 ms, CMCT 8,0 ± 2,4 ms; TA 32,9 ± 3,8 ms, CMCT 17,4 ± 3,3 ms; So 38,2 ± 3,3 ms. Dies stand einer allgemeinen Besserung des motorischen Befundes gegenüber.

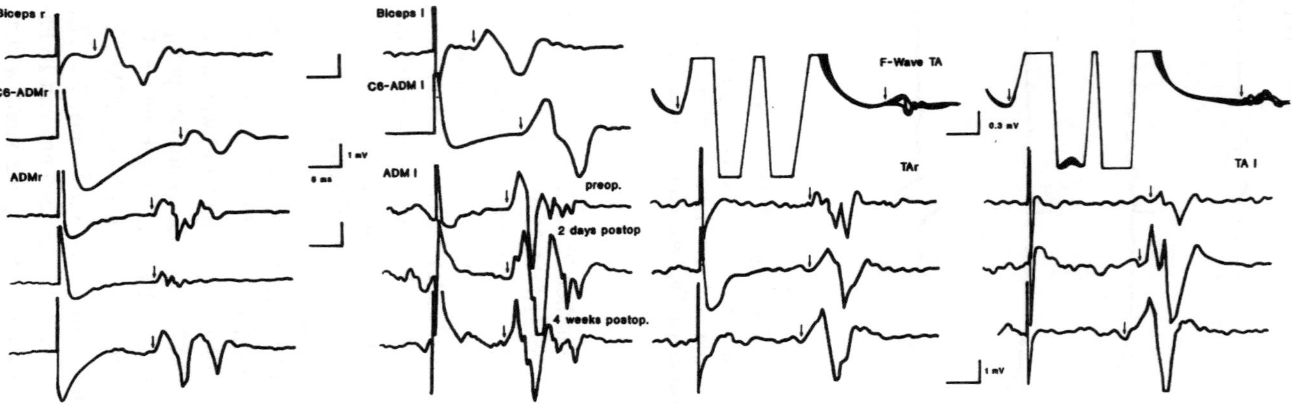

Abb. 2. Perioperative MEP-Ableitungen eines günstigen Verlaufs. Es handelt sich um einen 24jährigen Patienten mit einem rechts lateralisierten Angioblastom des zervikomedullären Übergangs. Klinisch zeigte der Patient eine angedeutete rechtsseitige Hemiparese, die sich postoperativ diskret verschlechterte. Die CAMP-Latenzen widerspiegeln getreu einen solchen Verlauf. In der akuten postoperativen Phase bestand eine diskrete beidseitige Zunahme der ADM-Latenzen und eine Besserung des linken TA

Die Analyse unserer Ergebnisse zeigt keine negative Korrelation zwischen CAMP und motorischem Status. Andererseits fehlt eine annähernd lineare Korrelation zwischen Paresegrad (gemessen in 1/5) und CAMP-Latenz. Die Entdeckung subklinischer Läsionen (13 Fälle in dieser Serie) zeigt vielmehr, daß die MEP im Vergleich zur klinischen Untersuchung eine größere Empfindlichkeit für Läsionen efferenter Bahnen haben. Ähnliche Beobachtungen wurden bei Patienten mit anderen pathologischen Prozessen bereits gemacht [2]. Eine zusätzliche Bestätigung dieser erhöhten Empfindlichkeit erfolgte durch die Entdeckung von CAMP in Muskeln, die nach klinischen Kriterien noch paralytisch waren. Dazu gab es bis jetzt neben experimentellen nur einzelne klinische Beobachtungen [3, 4]. Nach Substanzialisierung dieser Ergebnisse durch weitere korrelative Studien könnte die magnetische transkranielle Stimulation des Motorkortex nicht nur komplementäre diagnostische Bedeutung, sondern auch primäre Relevanz in der perioperativen Monitorisierung von Patienten mit intramedullären Prozessen erlangen.

Literatur

1. Fehlings MG et al (1988) Motor and somatosensory evoked potentials recorded from the rat. Electroencephalogr Clin Neurophysiol 69:65–78
2. Mills KR et al (1987) Magnetic and electrical transcranial brain stimulation: physiological mechanisms and clinical applications. Neurosurgery 20:164–168
3. Rothwell Jc et al (1989) Motor cortical stimulation in intact man: physiological mechanisms and application in intraoperative monitoring. In: Desmedt JE (ed) Neuromonitoring in surgery. Elsevier, Amsterdam New York Oxford, p 71
4. Simpson RK, Baskin DS (1987) Corticomotor evoked potentials in acute and chronic blunt spinal cord injury in the rat: correlation with neurological outcome and histological damage, Neurosurgery 20:131–137

11 Längsschnittuntersuchungen evozierter Potentiale bei Kinder mit Dysraphie: Vorläufige Ergebnisse

R. Boor, M. Caliskan, M. Schwarz und B. Reitter

Einleitung

Etwa 40% der Kinder mit Spina bifida aperta werden gehfähig [1]. Nicht selten erfolgt jedoch später eine langsam progrediente Verschlechterung im Sinne eines sekundären „tethered cord" [1]. Kernspintomographisch läßt sich bei Kindern und Jugendlichen mit operativ versorgter Myelomeningozele in fast 90% ein sekundäres „tethered cord" nachweisen [2]: Conus oder Filum terminale sind in der Regel dorsal im Narbengewebe verwachsen.

Für die Indikation zur operativen Myelolyse ist bei diesen Patienten die funktionelle Wirksamkeit des sekundären „tethered cord" entscheidend. Zur Überprüfung der Hinterstrangfunktion führten wir Verlaufskontrollen mittels somatosensorisch evozierter Potentiale durch.

Methodik

Untersucht wurden 38 Patienten mit Spina bifida aperta im Alter zwischen 3 und 18 Jahren (Median 11,5 Jahre), die zumindest zeitweise gehfähig gewesen waren. 33 hatten eine Myelomenigozele und 5 eine lumbosakrale Lipomyeloschisis. Bei 35 war der klinische Verlauf dokumentiert und einer retrospektiven Analyse zugänglich. Daneben wurden 2 Patienten mit primärem „tethered cord" bei Spina bifida occulta untersucht.

SEP-Verlaufsuntersuchungen während des Spontanverlaufs erfolgten bei 18 gehfähigen Patienten über eine Zeitdauer von 5–52 Monaten. 5 Patienten wurden sowohl vor der operativen Lyse des „tethered cord" und über 5–23 Monate danach untersucht: hierunter befanden sich die beiden Patienten mit primärem „tethered cord".

Die SEP-Untersuchungen erfolgten am Medelec Neurostar MS 92 B. Die Nervenstimulation erfolgte mittels Rechteckimpulsen von 0,1 ms Dauer, einer Reizfrequenz von 3 Hz und einer Reizstärke, bei der sichtbare Muskelkontraktionen auftraten. Abgeleitet wurde nach Tibialisreizung mittels Oberflächenelektroden über LWK1 gegen BWK7 und C/pz gegen Fz. Kriterien einer SEP-Verschlechterung bei den Verlaufsuntersuchungen waren Potentialverlust, Amplitudenminderung um mindestens 50% und Latenzverzögerungen. Da Normwerte für SEP-Längsschnittuntersuchungen bei Kindern fehlen, wurden Latenzdifferenzen ge-

Steudel et al. (Hrsg.)
Evozierte Potentiale im Verlauf
© Springer-Verlag Berlin Heidelberg 1993

Tabelle 1. Tibialis-SEP: Verlaufsuntersuchungen

	Verlauf: Tibialis-SEP		
	Schlechter	Gleich	Besser
Klinisch:			
Verschlechterung n = 13	9	4	0
Keine Verschlechterung n = 5	0	5	0
Zustand nach Myelolyse n = 5	0	0	5

wertet, die den Normalbereich für die Seitendifferenz (+2,5 Standardabweichungen) entsprechend Alter und Größe überschritten. Die Kriterien für eine Besserung waren analog.

Ergebnisse

Bei 27 Patienten mit Spina bifida aperta lag eine klinisch-neurologische Verschlechterung der unteren Extremitäten vor. Diese begann im Alter zwischen 2,5–16,5 Jahren, im Mittel 9,5 Jahre. Kernspintomographisch wurde bei 32 (82% der Untersuchten) der Befund eines sekundären „tethered cord" erhoben.

Ein lumbales Potential ließ sich nur in 7 Fällen ableiten. Eine kortikale Antwort nach Tibialisstimulation ließ sich bei 31 Patienten mit Myelomeningozele oder Lipomyeloschisis zumindest auf einer Seite ableiten. Diese war schon bei der Erstuntersuchung immer pathologisch durch Amplitudenminderung, Latenzverzögerung, Deformierung oder den einseitigen Verlust des Potentials. Bei 7 weiteren Patienten konnten wir keinerlei kortikale Reizantwort ableiten. Darunter waren 3 ursprünglich gehfähige Patienten, die bereits vor dem Untersuchungszeitraum die Gehfähigkeit verloren hatten. Bei den übrigen 4 bestand schon seit mehreren Jahren eine Verschlechterung des klinisch neurologischen Befundes vereinbar mit einem sekundären „tethered cord".

Tabelle 1 zeigt die Ergebnisse der SEP-Verlaufsuntersuchungen im Vergleich mit dem klinischen Befund einer zunehmenden neurologischen Verschlechterung im Sinne eines „tethered cord". Nach operativer Myelolyse besserte sich das Tibialis-SEP zusammen mit dem klinischen Befund bei allen 5 Patienten gegenüber präperativ (Tabelle 1).

Diskussion

Als objektive Untersuchungsmethode zur Erkennung des funktionell wirksamen „tethered cord" eignet sich das Tibialis-SEP [3]. Verlaufsuntersuchungen sind für die Fragestellung des sekundären „tethered cord" bei spinaler Dysraphie notwendig, da der Ausgangsbefund fast immer pathologisch ist. Eine Verschlechterung des Tibialis-SEP ging bei unseren Patienten immer mit einer klinischen Verschlechterung im Sinne eines sekundären „tethered cord" einher. Nach unserer Meinung ist für die Indikation zur operativen Myelolyse die Verschlechterung des klinischen und des elektrophysiologischen Befundes entscheidend. Die spinale Kernspintomographie wird zur Operationsplanung und zur Frage weiterer assoziierter spinaler Anomalien (Syringo- oder Hydromyelie, Diastematomyelie) notwendig.

Nach operativer Myelolyse konnten wir in Übereinstimmung mit Roy et al. [3] neben einer klinischen Besserung eine partielle Erholung der Hinterstrangfunktion mittels Tibialis-SEP dokumentieren.

Literatur

1. Begeer JH, Meihuizen de Regt MJ, HogenEsch I, Ter Weeme CA, Mooi JJA jr, Vencken LM (1986) Progressive neurological deficit in children with spina bifida aperta. Z Kinderchir 41 [Suppl I]:13–5
2. Just M, Schwarz M, Ludwig B, Ermert J, Thelen M (1990) Cerebral and spinal MR-findings in patients with postrepair myelomeningocele. Pediatr Radiol 20:262–6
3. Roy MW, Gilmore R, Walsh JW (1986) Evaluation of children and young adults with tethered spinal cord syndrome. Surg Neurol 26:241–8

12 Prognostische Bedeutung der kortikalen somatosensiblen evozierten Potentiale nach Tibialisstimulation bei Patienten mit intraduralen extramedullären Tumoren im zervikalen und thorakalen Bereich

F. Kreth, D. Reiter und W. I. Steudel

Als typischer Befund nach Ableitung der somatosensibel evozierten Potentiale (SEP) bei Patienten mit spinalen Tumoren wird häufig die Amplitudenminderung mit fehlender oder nur mäßiger Latenzverzögerung beschrieben [10, 18–20, 26, 27]. Andere Autoren haben die Bedeutung der Latenz hervorgehoben [6, 11, 12, 14, 23]. Ausführlich ist auch die prognostische Bedeutung der SEP bei spinalen Traumen dargelegt worden [3–5, 16, 17, 21, 29, 31]. Kritische Einwände wurden hinsichtlich der prognostischen Relevanz mehrfach erhoben [7, 13, 28]. Hierbei wurde eine möglicherweise fehlende Korrelation zwischen SEP-Veränderungen und motorischem Defizit als Hauptmangel angesehen. Vergleichbare Studien bei spinalen Tumoren liegen hingegen kaum vor [12, 22, 23]. Ein Grund hierfür mag die häufig gefundene große Spannweite und Variabilität der gefundenen Daten sein, die eine zusammenfassende Beurteilung erschweren. Wir haben daher anhand einer homogeneren Patientengruppe mit ausschließlich gutartigen spinalen intraduralen extramedullären Tumoren (Meningeome und Neurinome) eine prospektive Untersuchung durchgeführt. Die Patienten wurden klinisch und elektrophysiologisch durch Ableitung der SEP nach Tibialisstimulation (Tib-SEP) präoperativ und zweimal postoperativ (nach 1 Woche und nach 1 Jahr postoperativ) untersucht.

Patienten und Methodik

Patienten

Zwischen Januar 1985 und Juni 1989 untersuchten wir 21 Patienten (16 Frauen und 5 Männer) mit intraduralen extramedullären Tumoren (17 Meningeome, 4 Neurinome) präoperativ, 1 Woche und 1 Jahr postoperativ. Tumoren der Conus-Cauda-Region wurden ausgeschlossen. Die Tumoren lagen 14mal thorakal und 7mal zervikal. Das Durchschnittsalter der Patienten mit Meningeomen betrug 57 Jahre, das der Patienten mit Neurinomen 39 Jahre. Periphere Leitungsstörungen waren elektroneurographisch ausgeschlossen worden.

Steudel et al. (Hrsg.)
Evozierte Potentiale im Verlauf
© Springer-Verlag Berlin Heidelberg 1993

Klinischer Score: Untersucht und verschlüsselt wurde immer die am deutlichsten betroffene Seite.

Sensibilität: 1 = normal, 2 = geringe Störung, 3 = deutliches Defizit, 4 = aufgehobene Sensibilität.

Motorik: Beurteilung nach Nurick [15]: 1 = keine Gehbehinderung, 2 = geringe Störung, Tätigkeit nicht eingeschränkt, 3 = deutliche Gehbehinderung, Tätigkeit eingeschränkt, 4 = Gehen nur mit Hilfe möglich, 5 = bettlägerig.

Der sensible und motorische Score wurde einzeln berechnet und zu einem Gesamtscore addiert (Score 2–9).

Normwertgruppe

38 gesunde Probanden mit einem Durchschnittsalter von 28 Jahren (18 Männer, 20 Frauen) wurden 2mal innerhalb von 6 Wochen untersucht. Neben den Latenzen und den Amplituden berechneten wir auch die intraindividuellen Latenz- und Amplitudendifferenzen für P1 und P1/N2 (d_{P1} und $d_{P1/N2}$), um hierdurch Aussagen über die intraindividuelle Konstanz der Tib-SEP zu gewinnen.

Tib-SEP

Stimulusparameter: Frequenz: 5,1 Hz., Stimulusdauer: 200 µs, Stromstärke 8–15 mA. bis zum Erhalt einer eindeutigen motorischen Reaktion.

Ableitparameter: Filtereinstellung: 5–250 Hz., Elektrodenposition: Cz' (3 cm hinter Cz)-FZ (Nadelelektroden). Summation: 500 pro Untersuchungsgang. Es wurden immer mindestens 2 Ableitungen pro Untersuchung durchgeführt.

Datenanalyse

Berechnet wurden die Latenzen von P1 (P40), N2 (N50), P2 (P60), die Seitendifferenz von P1 und die Interpeakamplitude P1/N2. Die SEP-Befunde wurden körpergrößenkorreliert $\frac{\text{Latenzzeit (ms)}}{\text{Körpergröße (m)}}$
und mit den Befunden unserer Normwertgruppe (n = 38) verglichen. Latenzen oberhalb der 2,5fachen Standardabweichung der Normwerte galten als pathologisch. Die kleinste gemessene Amplitude der Normwertgruppe betrug 0,6 µV. Amplituden kleiner als 0,6 µV oder mit einer Seitendifferenz von mindestens 50% wurden als pathologisch gewertet.

Die klinischen und elektrophysiologischen Befunde wurden über Computer gespeichert und ausgewertet (SPSS-Programm). In dieser Studie wurden neben den

Seitendifferenzen die Absolutwerte (Amplituden und Latenzen) der klinisch am deutlichsten betroffenen Seite bewertet.

Die Unterschiede der Latenzen zwischen Normgruppe und Patientenkollektiv wurden mit dem t-Test die Unterschiede hinsichtlich der Amplituden mit dem Wilcoxon-Test analysiert. Für die Beurteilung des Verlaufs wendeten wir den t-Test (Latenzen) bzw. den Wilcoxon-Test (Amplituden) für gepaarte Meßwerte an.

Ergebnisse

Präoperative Befunde

Der klinische Gesamtscore betrug präoperativ 6,6. auf der 2–9 Clinical-score-Skala. 7 Patienten vermochten nur mit Hilfe zu gehen (motorischer Score: 4). Kein Patient war bettlägerig. Die Anamnese betrug im Durchschnitt 13 Monate (2 Monate–36 Monate). 20 Patienten zeigten ein inkomplettes sensibles und motorisches Querschnittsyndrom, 1 Patient wies ein sensibles Transversalsyndrom mit dissoziierter Störung auf. Bei 8 Patienten bestanden Blasenstörungen. Alle 20 Patienten mit sensomotorischer Symptomatik zeigten ein pathologisches Tib-SEP (Tabelle 1). Als richtungsweisender Befund fand sich 12mal eine pathologische Latenz gepaart mit einer pathologischen Amplitude. Eine isolierte Amplitudenminderung sahen wir nicht; 5mal bestand ein Leitungsblock.

Tabelle 1. Pathologischer präoperativer Leitbefund bei Patienten mit intraduralen extramedullären Tumoren (n = 20)

Pathologischer Leitbefund	n
Pathologische Latenz + pathologische Amplitude	13
Pathologische Latenz mit normaler Amplitude	2
Leitungsblock einseitig/beidseitig	5
Kriterien: P1 pathologisch: P1li.-P1re. pathologisch: P1/N2 pathologisch	> 27,2 ms/m > 1,2 ms/m < 0,6 μV ≥ 50% Seitendifferenz

Tabelle 2. Mittelwertvergleich der Latenzen und Amplituden zwischen Normwertgruppe (n = 38) und Patientengruppe (n = 16) präoperativ

Parameter	n	Mittelwert	SD	Spannweite
P1 (Normgruppe)	38	23,7 ms/m	1,4	7,4 ms/m
P1 (Patienten)	16	28,9 ms/m*	2,8	10,5 ms/m
P1li.-P1re. (Normgruppe)	38	0,4 ms/m	0,3	1,2 ms/m
P1li.-P1re. (Patienten)	16	1,4 ms/m*	1,2	3,5 ms/m
P1/N2 (Normgruppe	38	3,2 μV	1,9	7,1 μV
P1/N2 (Patienten)	16	0,6 μV*	0,6	2,0 μV

* $p < 0,01$ (t-Test für Latenzen, Wilcoxon-Test für Amplituden) (5 Patienten mit Leitungsblock wurden nicht berücksichtigt)

Im t-Test fand sich eine signifikante Latenzverlängerung für P1 um 5,2 ms gegenüber der Normwertgruppe (Tabelle 2). Die P1-Seitendifferenz nahm deutlich zu.

Die Amplitudenminderung für P1/N2 innerhalb der Patientengruppe war ebenfalls signifikant (K = 5,73, p < 0,01) bei Anwendung des Wilcoxon-Tests.

Der Vergleich der präoperativen Varianzen zwischen Patienten mit ausmeßbaren Potentialen (n = 16) und der Normgruppe zeigte eine signifikante Zunahme der Varianz für P1 im F-Test.

Kriterien für die Beurteilung des Verlaufs

Die zweimalige Untersuchung der *Normwertgruppe* (n = 38) innerhalb von 6 Wochen ergab für die intraindividuelle P1-Differenz (d_{P1}) einen Mittelwert von 0,02 ms/m bei einer Standardabweichung von 0,59 ms/m (Min.: −1,6 ms/m, Max.: 1,1 ms/m).

Eine Verbesserung der Latenz im Einzelfall wurde bei einer Latenzverkürzung um mindestens 2 Standardabweichungen der intraindividuellen P1-Latenzdifferenz der Normgruppe angenommen. Dem entsprach mindestens eine Latenzverkürzung von 1,2 ms/m. Latenzverkürzungen kleiner als 1,2 ms/m wurden als unveränderter Befund beurteilt. Die intraindividuelle Amplitudendifferenz P1/N2 ($d_{P1/N2}$) zeigte bei einem Mittelwert von 0,08 μV eine Standardabweichung von 1,29 μV, so daß ein Anwachsen der Amplitude um 2,6 μV oder das Verlassen des pathologischen Bereiches (Anwachsen der Amplitude über 0,6 μV, Ausgleich einer pathologischen Seitendifferenz) als Verbesserung bewertet wurden. *Klinisch* wurde eine Verbesserung bei Änderung des Scores um 1 Punkt angenommen.

Tabelle 3 zeigt die Längsschnittanalyse der Befunde 1 Woche und 1 Jahr postoperativ bei Patienten mit quantifizierbarem Potential (n = 16). Nach einer Woche kam es zu keiner signifikanten Veränderung der Mittelwerte. Die Befunde nach 1 Jahr zeigten eine Verkürzung des P1-Mittelwertes um 2,4 ms. Eine signifikante

Tabelle 3. Veränderungen der SEP-Mittelwerte und des klinischen Scores postoperativ im Vergleich zum präoperativen Ausgangsbefund (n = 16)

Parameter	Mittelwert	SD	Spannweite	Klinischer Score
P1 präoperativ	28,9 ms/m	2,8	10,5 ms/m	5,8
P1 7 Tage postoperativ	29,1 ms/m	3,3	10,5 ms/m	5,5
P1 1 Jahr postoperativ	26,5 ms/m*	2,1	8,2 ms/m	4,2*
P1li.-P1re. Präoperativ	1,4 ms/m	1,2	3,5 ms/m	
P1li.-P1re. 7 Tage postoperativ	1,4 ms/m	1,2	3,5 ms/m	
P1li.-P1re. 1 Jahr postoperativ	1,2 ms/m	0,9	3,3 ms/m	
P1/N2 präoperativ	0,6 µV	0,6	2,0 µV	
P1/N2 7 Tage postoperativ	0,8 µV	0,6	2,0 µV	
P1/N2 1 Jahr postoperativ	1,7 µV*	1,2	4,2 µV	

* $p < 0,01$ (Latenzen: t-Test für korrelierende Stichproben, Amplituden und klinischer Score: Wilcoxon-Test für korrelierende Stichproben)

Verkürzung der P1-Seitendifferenz war nicht nachweisbar. Die Amplitude P1/N2 hatte deutlich im Vergleich zum präoperativen Befund zugenommen ($p < 0,01$; Abb. 1). Die Standardabweichung der Latenz wurde kleiner.

Bei Berechnung des 99%-Vertrauensbereiches ergab sich für die P1-Differenz der Mittelwerte präoperativ und 1 Jahr postoperativ ein kleinster Wert von 1,2 ms/m als Ausdruck einer klaren Trennung beider Verteilungen. Die Mittelwertdifferenz der Amplituden zeigt hingegen eine stark überlappende Verteilung.

Tabelle 4 macht deutlich, daß der Verlauf der gesamten Gruppe (n = 21) direkt postoperativ im Einzelfall uneinheitlich mit z.T. verbesserten, unveränderten und verschlechterten Befunden war. Es fand sich eine gute Übereinstimmung zwischen Klinik und elektrophysiologischem Befund; 7 Patienten wiesen verbesserte, 8 Patienten unveränderte klinische und elektrophysiologische Befunde auf. Fünfmal hatte sich Latenz und Amplitude, 2mal nur die Amplitude verbessert. Zweimal fand sich eine Dissoziation zwischen SEP und klinischem Befund: Eine Verschlechterung des SEP ging mit stabilisiertem neurologischem Status einher.

Bei 4 Patienten mit deutlicher klinischer und elektrophysiologischer Verschlechterung handelte es sich 2mal um Patienten mit einseitigem Leitungsblock.

Nach 1 Jahr (Tabelle 5) hatte die Zahl der klinischen und elektrophysiologisch verbesserten Befunde zugenommen (n = 13). 1 Patient mit Verschlechterung des SEP-Befundes direkt postoperativ zeigte eine Verbesserung des klinischen und elektrophysiologischen Befundes mit Normalisierung des SEP. Zwei Patienten mit einseitigem Leitungsblock und postoperativer deutlicher Verschlechterung zeigten eine relative Verbesserung mit Wiedererreichen des präoperativen SEP-Ausgangsbefundes mit gleichzeitiger Verbesserung des klinischen Scores. Lediglich 3 Patienten mit präoperativ quantifizierbarem Potential und 2 Patienten mit einem Leitungsblock wiesen unveränderte klinische und elektrophysiologische Befunde auf. Der klinische Status zeigte nach 1 Jahr eine Verbesserung von 5,8 auf 4,2 auf der 2–9 Clinical-score-Skala bei der Patientengruppe ohne Leitungsblock (n = 16).

präoperativ
µV / div : 0,62 µV
B1
A1
P1 = 48,9 ms (28,8 ms / m)
P1 / N2 = 0,57 µV
ms / div : 13 ms

a

1. Woche postoperativ
A2
µV / div : 0,62 µV
B1
A1
P1 = 47,1 ms (27,7 ms / m)
P1 / N2 = 0,73 µV
ms / div : 13 ms

b

12 Monate postoperativ
A2
µV / div : 0,62 µV
B1
A1
P1 = 45,5 ms (26,0 ms / m)
P1 / N2 = 0,84 µV
ms / div : 13 ms

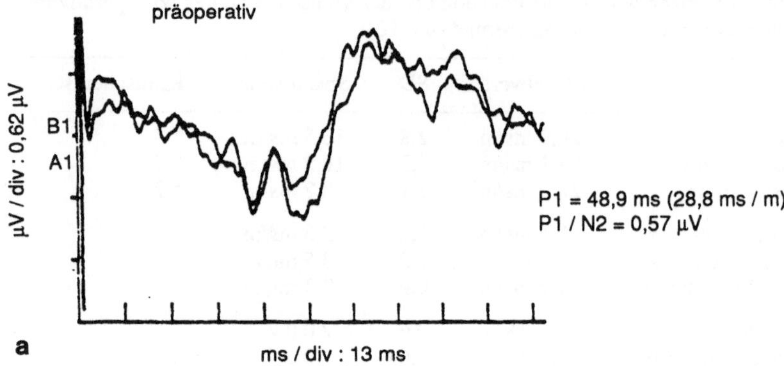

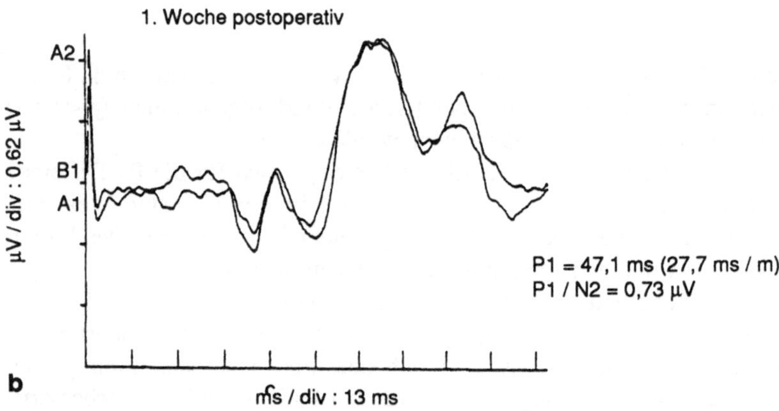

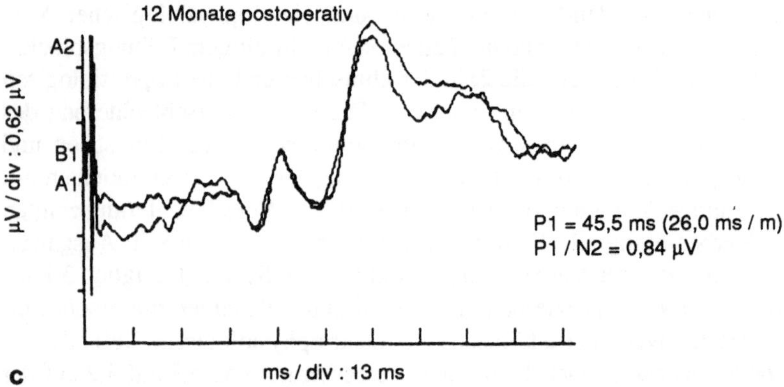

c

Tabelle 4. Beziehung zwischen SEP und klinischem Befund 1 Woche postoperativ (n = 21)

SEP[a]	Klinischer Score			
	Besser	Gleich	Schlechter	Insgesamt
Besser	7	0	0	7 (33,3%)
Gleich	0	8	0	8 (38,1%)
Schlechter	0	2	4[b]	6 (28,5%)
Insgesamt	7 33,3%	10 47,6%	4 19,0%	

[a] besser: Verkürzung der P1-Latenz um 1,2 μ, Zunahme der Amplitude um 2,6 μV, Verlassen des pathologischen Bereiches.
[b] 2 Patienten mit Leitungsblock.

Insgesamt verbesserten 76,2% der Patienten ihren klinischen Status. Es bestand kein signifikanter Zusammenhang zwischen dem SEP-Befund 1 Woche postoperativ und dem klinischen Status nach 1 Jahr.

5 Patienten mit kortikalem einseitigen oder beidseitigen Leitungsblock zeigten präoperativ mit 7,4 einen schlechteren klinischen Score als die Gruppe mit erhaltener Potentialkonfiguration (5,8). Das Resultat nach 1 Jahr war ebenfalls schlechter mit einem Score von 6,2. (4,2 in der Vergleichsgruppe). Der Leitungsblock besserte sich in keinen Fall. Entsprechend fanden wir auch keine Besserung des sensiblen Scores. Allerdings zeigten 3 Patienten eine Verbesserung der motorischen Funktion (3 Patienten mit dissoziierter Befundkonstellation in Tabelle 5). Der Verlauf war bei zwei Patienten mit einseitigem Leitungsblock durch eine erhebliche Verschlechterung direkt postoperativ kompliziert, die jedoch reversibel war.

Abb. 1. a Kortikales Tibialis-SEP links eines 51jährigen Patienten mit einem dorsolateral links gelegenen Neurinom in Höhe BWK8/9. **b** Latenzverkürzung nach 1 Woche noch grenzwertig mit leichter Verbesserung des klinischen Score von 7 auf. **c** Nach 1 Jahr Latenzverkürzung um 2,8 ms/m mit Verbesserung des klinischen Score auf 4

Tabelle 5. Beziehung zwischen SEP und klinischem Befund
1 Jahr postoperativ (n = 21)

SEP[a]	Klinischer Score		
	Besser	Gleich	Insgesamt
Besser	13	0	13 (61,9%)
Gleich	3[b]	5[c]	8 (38,1%)
Insgesamt	16 76,2%	5 23,8%	
χ^2	DF	Signifikanz	
7,5 (nach Yates-Korrektur)	1	0,01	

[a] Definition der Verbesserung s. unter Tabelle 4.
[b] 3 Patienten mit Block.
[c] u.a. 2 Patienten mit Block.

Diskussion

Unsere Untersuchung belegt die gute Übereinstimmung zwischen klinischen Befunden und SEP bei Patienten mit spinalen raumfordernden Prozessen in der präoperativen Diagnostik und im Verlauf übereinstimmend mit vielen Autoren. Die Sensitivität der kortikalen Ableitung ist hoch, wenn periphere Leitungsstörungen (elektroneurographisch) ausgeschlossen worden sind. Lediglich ein Patient mit dissoziierter sensibler Symptomatik zeigte ein normales SEP [8]. Dies ist wichtig, da die Ableitung des thorakolumbalen N20 häufig aufwendig ist oder sogar mißlingt [9, 25].

Durch Anwendung körpergrößenkorrigierter SEP an einem homogenen Krankengut konnten wir die Variabilität der Befunde deutlich verringern. Stöhr [26] berichtete über eine größere Standardabweichung bei einer inhomogenen Patientengruppe mit spinalen Tumoren. Die Bedeutung der Amplitude als richtungsweisenden Parameter konnten wir nicht bestätigen. Die Verzögerung der Latenz war in allen Fällen mit quantifizierbaren Potential der richtungsweisende Befund. Eine isolierte Amplitudenminderung sahen wir nicht. Die große Standardabweichung der Amplituden sowie die Überlappung der Verteilungen prä- und postoperativ schmälerte die Bedeutung der Amplitude als Beurteilungskriterium zusätzlich. Dies wurde auch von Chabot [3] und Tsuji [25] berichtet. Es bestand kein statistischer Zusammenhang zwischen dem SEP direkt postoperativ und dem klinischen

Score nach 1 Jahr. Eine prognostische Bedeutung kam der 1. postoperativen SEP-Untersuchung somit nicht zu. Auch Patienten mit Verschlechterung in der 1. postoperativen Phase zeigten einen günstigen Verlauf. Bemerkenswert war, daß die Verbesserung des Neurostatus mit einer deutlichen Verkürzung der Latenz einherging. Die Amplitudenzunahme wurde von uns ebenfalls als Ausdruck einer verbesserten Leitfähigkeit mit besserer Synchronisation des Erregungsimpulses gedeutet. Trotz des günstigen Verlaufs zeigte nur 1 Patient eine vollständige Normalisierung des SEP nach 1 Jahr.

Patienten mit Leitungsblock präoperativ wiesen einen ungünstigeren Verlauf auf; 3 Patienten dieser Gruppe zeigten bei persistierenden Block nach 1 Jahr eine Besserung der motorischen Funktion. Hier wird deutlich, daß bei ausgeprägtem sensiblen Defizit die Verbesserung der Motorik nicht mit einer Verbesserung des SEP einhergehen muß, so daß dissoziierte Befunde wahrscheinlicher werden. Die Differenzierung zwischen einem niederamplitudigen kortikalen Potential und einem Leitungsblock kann im Einzelfall schwierig sein [29]. Die prognostisch nicht relevante Variabilität der SEP-Befunde direkt postoperativ weist rückwirkend auch auf die Schwierigkeit der Interpretation intraoperativer Ableitungen insbesondere bei neurochirurgischen Patienten hin. Anders als bei Skolioseoperationen zeigt sich die Variabilität der Befunde deutlicher [1, 2, 24] und erschwert deren Beurteilbarkeit.

Unsere Untersuchungen zeigen, daß SEP-Verlaufsuntersuchungen eng mit dem klinischen Verlauf korrelieren und die Dynamik der medullären Erholung deutlich widerspiegeln. Bei Patienten mit Leitungsblock ist mit einer Besserung der Potentiale kaum zu rechnen, allerdings kann sich das motorische Defizit trotzdem bessern. Eine prognostische Aussage kann wegen der Variabilität der postoperativen Befunde nicht ohne weiteres abgeleitet werden.

Literatur

1. Brown RH, Hash CL (1985) Intraoperative somatosensorisch evozierte kortikale Potentiale bei spinalen Operationen. In: Schramm J (Hrsg) Evozierte Potentiale in der Praxis. Springer, Berlin Heidelberg New York Tokyo, S153–182

2. Brown RH, Nash CL (1985) The „grey zone" in intra-operative S.C.E.P. monitoring. In: Schramm J, Jones SJ (eds) Spinal cord monitoring. Springer, Berlin Heidelberg New York Tokyo, pp 179–185

3. Chabot R, York DH, Watts C, Waugh W (1985) Somatosensory evoked potentials evaluated in normal subjects and in spinal cord-injured patients. J Neurosurg 63:544–551

4. Cracco JB (1973) Spinal evoked response: Peripheral nerve stimulation in man. Electroencephal Clin Neurophysiol 35:379–386

5. Cusik JF, Myklebust JB, Larson SJ et al (1979) Spinal cord evaluation by cortical evoked responses. Arch Neurol 36:140–143

6. Ebensberger H (1980) Somatosensorisch evozierte kortikale Potentiale nach elektrischer Stimulation des Nervus tibialis. Untersuchungen an Normalpersonen und an Patienten mit Multipler Sklerose. Dissertation, Universität Tübingen

7. Ginsburg HH, Shetter AG, Raudzens PA (1985) Postoperative paraplegia with preserved intraoperative somatosensory evoked potentials. J Neurosurg 63:296–300

8. Halliday AM, Wakefield GS (1963) Cerebral evoked potentials in patients with dissociated sensory loss. J Neurol Neurosurg Psychiatry 26:211–219
9. Heiskari M, Tolonen U, Kovala T, Koivukangas J (1988) Somatosensory evoked potentials to posterior tibial nerve stimulation in cervical radiculopathy and radiculomyelopathy. Neuroorthopedics 5:78–82
10. Jones SJ (1982) Somatosensory evoked potentials: the abnormal waveform. In: Halliday AM (ed) Evoked potentials in clinical testing. Churchill Livingstone, Edinburgh London New York pp 429–470
11. Jörg J (1985) SEP-Diagnostik in der Neurologie. In: Schramm J (Hrsg) Evozierte Potentiale in der Praxis. Springer, Berlin Heidelberg New York Tokyo, S 67–74
12. Jörg J, Düllberg W, Koeppen S (1982) Diagnostic value of segmental SEP's in cases with chronic progressive para- or tetraspastic syndromes. In: Courjon J, Mauguière J, Revol M (eds) Advances in neurology 32. Raven, New York pp 347–358
13. Low MD, Purves SH, Purves GB (1976) A Critical assessment of the use of evoked potentials in diagnosis of peripheral nerve, spinal cord, and cerebral disease. In: Morley TP (ed) Current controversies in neurosurgery. Saunders, Philadelphia pp 169–179
14. Noel P, Desmedt JE (1980) Cerebral and far-field somatosensory evoked potentials in neurological disorders involving the cervical spinal cord, thalamus and cortex. In: Desmedt JE (ed) Clinical uses of cerebral brainstem and spinal somatosensory evoked potentials. Karger, Basel pp 203–230
15. Nurick S (1972) The natural history and the results of surgical treatment of the spinal cord disorder associated with cervical spondylosis. Brain 95:101–108
16. Perot P Jr (1973) The clinical use of somatosensory evoked potentials inspinal cord injury. Clin Neurosurg 20:367–381
17. Perot PL Jr, Vera CL (1982) Scalp-recorded Somatosensory evoked potentials to stimulation of nerves in the lower extremities and evaluation of patients with spinal cord trauma. Ann NY Acad Sci 388:359–368
18. Riffel B, Ebensberger M, Petruch H (1983) Somatosensorisch evozierte Potentiale nach Tibialisstimulation in der Differentialdiagnose von Rückenmarkserkrankungen. Aktuel Neurol 10:147–151
19. Riffel B, Stöhr M (1985) SEP bei proximalen Läsionen des peripheren Nervensystems und bei Rückenmarkserkrankungen. Aktuel Neurol 12:35–37
20. Riffel B, Stöhr M (1985) SEP following tibial nerve stimulation in spinal cord lesions. In: Schramm J, Jones SJ (eds) Spinal cord monitoring. Springer, Berlin Heidelberg New York Tokyo, pp 302–307
21. Rowed DW, Mclean JAG, Tator CH (1978) Somatosensory evoked potentials in acute spinal cord injury: prognostic value. Surg Neurol 9:203–210
22. Roy MW, Ghilmore G, Walsh JW (1986) Evaluation of children and young adults with tethered spinal cord syndrome. Surg Neurol 241–248
23. Schramm J, Brock M, Assfalg B (1984) Segmentally evoked pre- and postoperative somatosensory potentials in spinal tumors. In: Nodar RH, Barber C (eds) Evoked potentials II. Butterworth, Boston, London
24. Schramm J, Romstöck J, Thurner F, Fahlbusch R (1985) Variance of latency and amplitude in SEP's monitored during spinal operations with and without cord manipulation. In: Schramm J, Jones SJ (eds) Spinal cord monitoring. Springer, Berlin Heidelberg New York Tokyo, pp 186–196
25. Tsuji S, Luders H, Lesser RP, Dinner DS, Klem G (1986) Subcortical and cortical somatosensory potentials evoked by posterior tibial nerve stimulation: Normative values. Electroencephalogr Clin Neurophysiol 59:214–228
26. Stöhr M, Dichgans J, Diener HC, Büttner UW (1989) Evozierte Potentiale, 2. Aufl. Springer, Berlin Heidelberg New York Tokyo
27. Vogel P (1982) SEP der unteren Extremitäten: Varianz der Normbefunde und Bedeutung für die neurologische Diagnostik. In: Struppler A (Hrsg) Elektrophysiologische Diagnostik in der Neurologie. Thieme, Stuttgart New York, S 165–166

28. York DH, Watts C, Raffensberger M et al (1983) Utilization of somatosensory evoked cortical potentials in spinal cord injury: prognostic limitations. Spine 8:832–839

29. Young W (1985) Somatosensory evoked potentials (SEP's) in spinal cord injury. In: Schramm J, Jones SJ (eds) Spinal cord Springer, Berlin Heidelberg New York Tokyo, pp 127–142

30. Yu YL, Jones SJ (1985) Somatosensory evoked potentials in cervical spondylosis. Brain 108:273–300

31. Ziganow S (1986) Neurometric evaluation of the cortical somatosensory evoked potentials in acute incomplete spinal cord injuries. Electroencephalogr Clin Neurophysiol 65:86–93

Längsschnittuntersuchungen
bei supra- und infratentoriellen
raumfordernden Prozessen

13 Langzeitergebnisse bei Tumoren des Kleinhirnbrückenwinkels mit perioperativer Ableitung akustisch evozierter Hirnstammpotentiale

C. Nimsky, C. Strauss, J. Romstöck, R. Fahlbusch,
M. Emami und E. Kocdemir

Bei Tumoren des Kleinhirnbrückenwinkel werden seit vielen Jahren akustisch evozierte Hirnstammpotentiale (AEP) intraoperativ zur Überwachung des VIII. Hirnnervs eingesetzt [6]. Der Wert dieser Überwachung wird ebenso kontrovers diskutiert, wie die Erhaltung des Hörvermögens selbst [1, 5]. Insbesondere wird bei Akustikusneurinomen auf die zu erwartende Verschlechterung des postoperativen Hörvermögens hingewiesen, wie dies Langzeituntersuchungen von Shelton [3] für den erweiterten transtemporalen Zugang dokumentierten. Für den subokzipitalen Zugang fehlen solche Langzeituntersuchungen nahezu vollständig [2].

Material und Methoden

Zwischen 1983 und 1991 wurden in der Neurochirurgischen Universitätsklinik Erlangen–Nürnberg 195 Operationen bei raumfordernden Prozessen im Kleinhirnbrückenwinkel über einen subokzipitolateralen Zugang durchgeführt [4]; darunter 137 Akustikusneurinome, 33 Meningiome und 25 sonstige Tumoren wie Epidermoide und Metastasen. Die durchschnittliche Tumorgröße betrug 3,5 cm. Präoperativ zeigten noch 124 (64%) der Patienten ein Restgehör, postoperativ konnte bei 43% der Patienten Hörvermögen, wenn auch in unterschiedlicher Qualität dokumentiert werden. Perioperative AEP-Überwachung [6] wurde bei 103 Operationen durchgeführt, mit Erhaltung des VIII. Hirnnervs bei 41 Patienten. 37 Patienten (90%) wurden im Durchschnitt nach 25 Monaten mit Audiogramm und Ableitung der AEP nachuntersucht. Für die Beurteilung der audiologischen Befunde wurde ein „pure tone average" (PTA) aus dem Hörverlust bei 500, 1000 und 1500 Hz zugrunde gelegt. Bei den AEP war die Nachweisbarkeit der Wellen I und V wichtigstes Beurteilungskriterium.

Ergebnisse

Die Auswertung der Veränderung des PTA ergab, daß bei 76% der Patienten die Hörfunktion im Untersuchungszeitraum stabil geblieben war oder sich sogar verbessert hatte (Tabelle 1). Dementsprechend verhielten sich auch die AEP, hier zeigte sich, daß in der Gruppe der Patienten mit verbesserter Hörfunktion die Nachweisbarkeit der Einzelkomponenten zunahm (Abb. 1).

Steudel et al. (Hrsg.)
Evozierte Potentiale im Verlauf
© Springer-Verlag Berlin Heidelberg 1993

Tabelle 1. Veränderung des „pure tone average" (PTA) im postoperativen Verlauf (25 Monate)

	Verbesserung > 10 dB	stabil	Verschlechterung >10 dB
Akustikusneurinome(17)	23%	42%	35%
Meningiome (11)	26%	56%	18% (n = 2)
Sonstige (9)	0%	89%	11% (n = 1)
Gesamt (37)	19%	57%	24%
		76%	

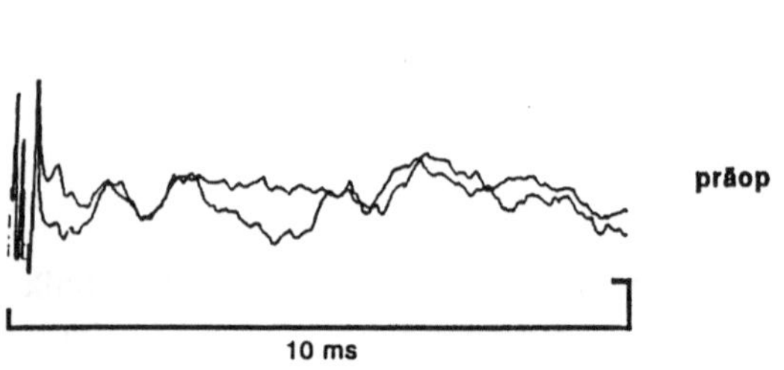
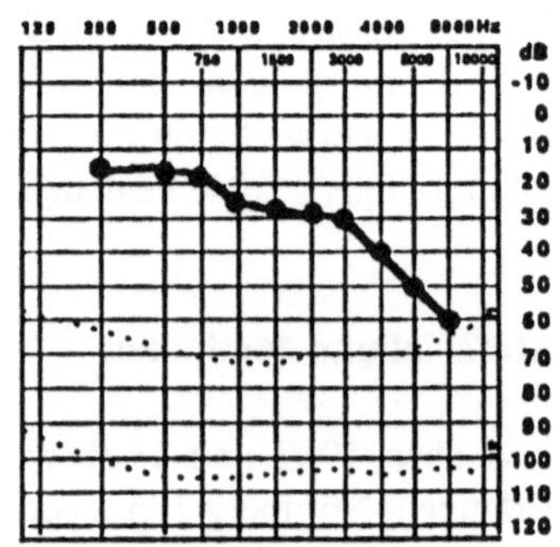

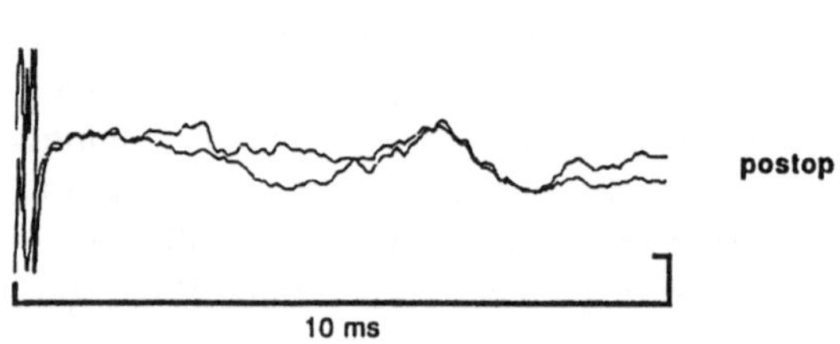
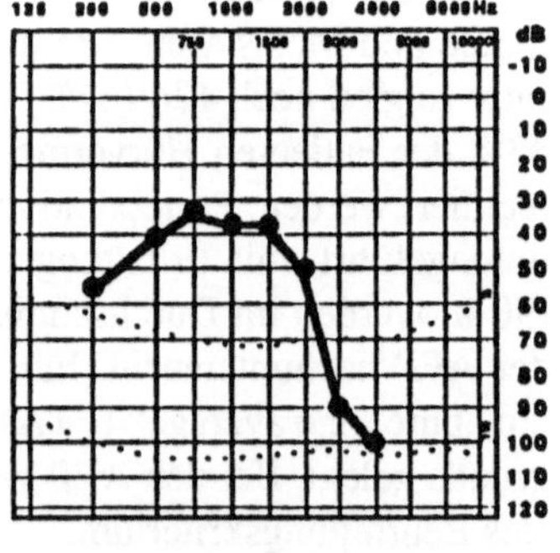

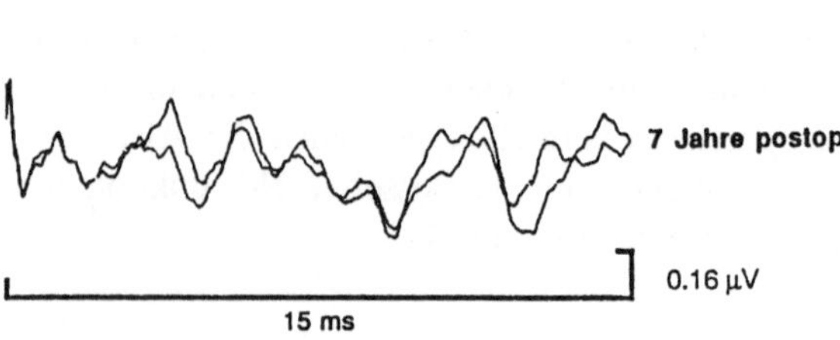
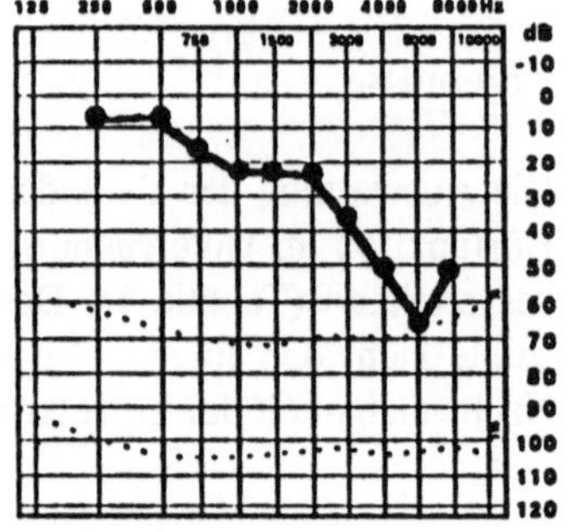

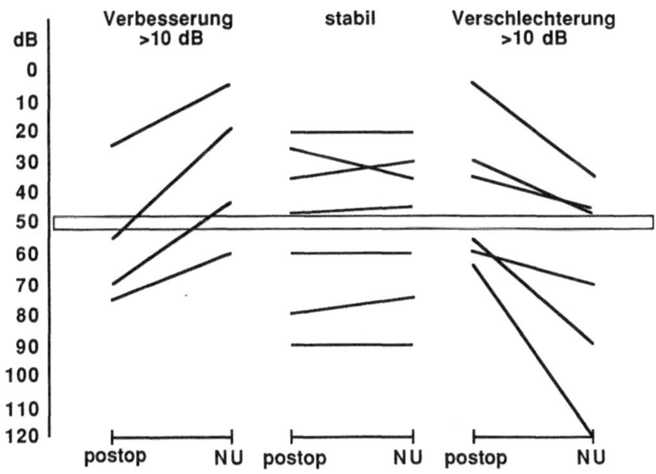

Abb. 2. Veränderung des „pure tone average" (PTA) bei Patienten mit Akustikusneurinomen nach der Operation (*postop*) bis zur Nachuntersuchung (*NU*). Die Grenze für „useful hearing" ist als *schraffierter Balken* eingezeichnet

Bei den 9 Patienten mit sekundärer Hörminderung kam es jeweils in 2 Fällen zu einem Verlust der Wellen I bzw. V. In den Gruppen der Meningiome und sonstigen Tumoren kam es bei 3 Patienten zu einer Hörverschlechterung. In einem Fall konnte eine beidseitige progrediente Altersschwerhörigkeit dokumentiert werden, ein Patient mit anaplastischen Gliom ertaubte in Folge der Tumorprogression. Bei einer Patientin entwickelte sich 3 Jahre nach vollständiger Tumorentfernung eine progrediente Hörverschlechterung bis hin zur Taubheit, ohne daß hierfür sichere Ursachen gefunden werden konnten. Ein Tumorrezidiv konnte ausgeschlossen werden.

Auch bei den Akustikusneurinomen kam es bei einer malignen Verlaufsform eines M. Recklinghausen tumorbedingt zu einer raschen Verschlechterung der Hörfunktion bis zur Ertaubung. Bei den übrigen Patienten kam es in keinem Fall zu einem Unterschreiten der für das sog. „useful hearing" maßgebenden Grenze von 50 dB Hörverlust (Abb. 2). Andererseits konnte bei 2 Patienten eine deutliche Besserung der Qualität des Hörvermögens durch ein Überschreiten dieser Grenze beobachtet werden.

Abb. 1. 57jährige Patientin mit einem Meningiom im Kleinhirnbrückenwinkel; im Vergleich der Audiogramme und AEP präoperativ, unmittelbar postoperativ und bei einer Nachuntersuchung nach 7 Jahren zeigt sich die gute Erholung der Befunde

Diskussion

Bei der Entfernung von raumfordernden Prozessen im Bereich des Kleinhirnbrük-
kenwinkels über den subokzipitolateralen Zugang kam es in mehr als 2jährigen
Verlauf bei vollständiger Tumorentfernung zu keiner entscheidenden Verschlechterung der Hörfunktion und der akustisch evozierten Hirnstammpotentiale. Wesentliche Verschlechterungen, wie sie bei dem erweiterten transtemporalen Zugang in bis zu 50% beschrieben sind [3] wurden mit einer Ausnahme nur bei pro-
gredientem Tumorwachstum beobachtet. Arachnitische Verwachsungen, wie sie
Shelton und Mitarbeiter für den transtemporalen Zugang belegt haben, müssen in
diesem Fall zumindest diskutiert werden. Im Gegensatz dazu konnte bei 75% der
Patienten eine stabile oder verbesserte Funktion des VIII. Hirnnervs und auch der
akustisch evozierten Potentiale nachgewiesen werden. Möglicherweise wird die
bestehende Diskussion über den optimalen Zugang zum Kleinhirnbrückenwinkel
bei Akustikusneurinomen durch solche Vergleiche der Langzeitergebnisse erweitert.

Literatur

1. Kveton J (1990) The efficacy of brainstem auditory evoked potentials in acoustic tumor
   surgery. Laryngoscope 100:1171–1173
2. Rosenberg R, Cohen N, Ranshoff J (1987) Long term hearing preservation after acoustic neuroma surgery. Otolaryngol Head Neck Surg 97:270–274
3. Shelton C, Hitselberger W, House W, Brackmann D (1990) Hearing preservation after
   acoustic tumor removal: long-term results. Laryngoscope 100:115–119
4. Strauss C, Fahlbusch R, Berg M, Haid T (1989) Suboccipital removal of large acoustic
   neurinomas, preservation of facial and cochlear nerve function. HNO 37:281–286
5. Tos M, Thomsen J (1982) The price of preservation of hearing in acoustic neuroma
   surgery. Ann Otol Rhinol Laryngol 91:240–245
6. Watanabe E, Schramm J, Strauss C, Fahlbusch R (1989) Neurophysiologic monitoring
   in posterior fossa surgery II. BAEP-waves I and V and preservation of hearing. Acta
   Neurochir 98:118–128

14 Akustisch evozierte Hirnstammpotentiale bei verzögertem postoperativem Hörverlust nach Entfernung großer Akustikusneurinome

C. Strauss, R. Fahlbusch, J. Romstöck und C. Nimsky

Einleitung

Bei der Entfernung großer Akustikusneurinome kann die Erhaltung des Hörvermögens in bis zu 30% der Fälle gelingen [2, 5]. Dieses Ergebnis wird beeinträchtigt durch solche Fälle, bei denen während der mikrochirurgischen Präparation die anatomische Kontinuität des N. cochlearis erhalten werden kann, postoperativ zunächst Hörvermögen dokumentiert ist, im weiteren Verlauf jedoch eine irreversible Ertaubung eintritt [2].

Der Nutzen intraoperativ abgeleiteter akustisch evozierter Hirnstammpotentiale (BAEP) ist bei diesem bislang in der Literatur nur in Einzelfällen [1, 3] beschriebenem Phänomen nicht bekannt.

Material und Methoden

In der neurochirurgischen Klinik der Universität Erlangen – Nürnberg wurden zwischen 1983 und 1990 56 Patienten mit präoperativ nachgewiesenem Restgehör an einem Akustikusneurinom auf subokzipitolateralem Wege operiert. Die durchschnittliche Tumorgröße betrug 3,2 cm im Durchmesser ohne Berücksichtigung des intrameatalen Tumoranteils. Tonaudiogramme wurden bei allen Patienten prä- und postoperativ durchgeführt, die Testung des Diskriminationsvermögens für Sprache postoperativ bei allen Patienten mit erhaltenem Hörvermögen. Unmittelbar postoperativ hörten noch 18 Patienten. Im weiteren Verlauf ertaubten 7 Patienten (Gruppe A). Bei 4 Patienten mit sekundärer postoperativer Hörverschlechterung wurde eine Therapie mit niedermolekularem Dextrane 40 durchgeführt (Gruppe B). Alle Patienten wurden perioperativ mit akustisch evozierten Potentialen überwacht.

Ergebnisse

Bei den 7 Patienten mit sekundärem Hörverlust (Gruppe A) kam es mit einer Ausnahme stets zu einer allmählichen Potentialverschlechterung, die nach dem Einsetzen des Kleinhirnretraktors begann und im weiteren Verlauf der Operation zu einem Potentialverlust führte (Abb. 1). Bei 3 Patienten kam es am Ende des

Steudel et al. (Hrsg.)
Evozierte Potentiale im Verlauf

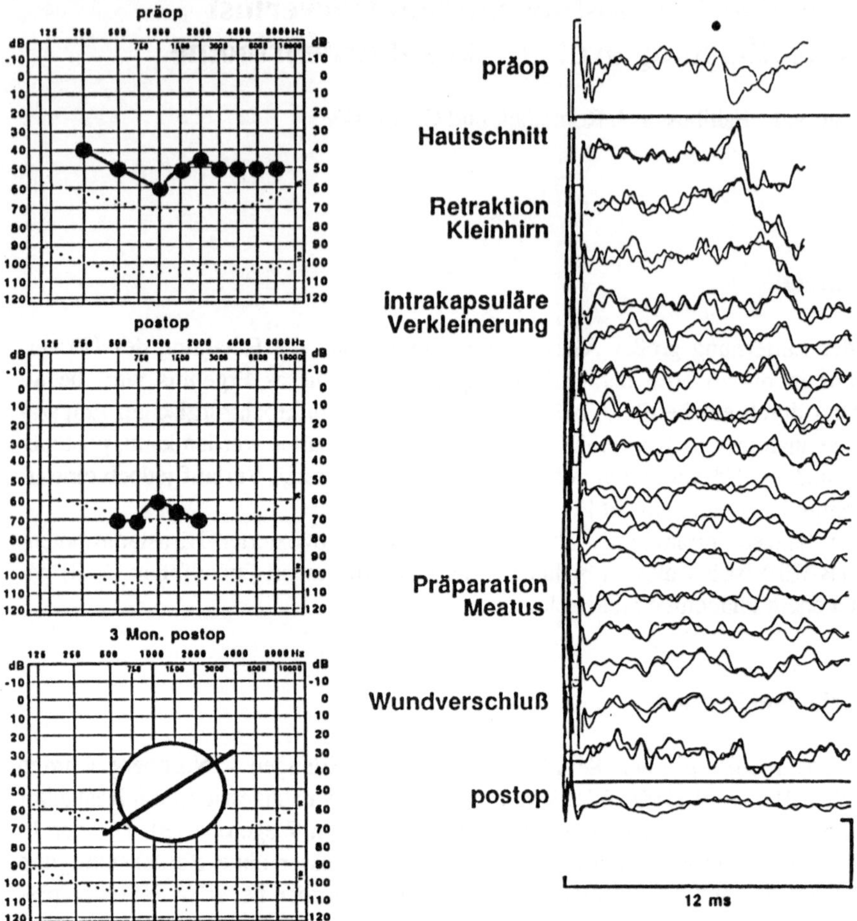

Abb. 1. Allmähliche intraoperative BAEP-Verschlechterung mit partieller Erholung der Welle V nach Beendigung der Dissektion mit sekundärer Ertaubung (Patient 4, Gruppe A)

Eingriffes zu Erholungen der Potentiale unter Einschluß der Welle V. Postoperativ war die Welle V jedoch zu keinem Zeitpunkt nachweisbar. Die Dokumentation des unmittelbar postoperativen Hörvermögens erfolgte aus technischen Gründen zunächst mit Bestimmung der Hörschwelle unter Verwendung des Klickstimulators, bei 2 Patienten jedoch tonaudiologisch (Tabelle 1).

Bei 4 weiteren Patienten (Gruppe B) mit graduellen intraoperativen Veränderungen der akustisch evozierten Potentiale wurde postoperativ eine 12tägige Therapie mit niedermolekularem Dextrane 40 (1,5 g/kg KG/die) durchgeführt. In der 3 der 4 Fälle konnte die postoperative Hörverschlechterung – in einem Fall bis zur Ertaubung – vor Beginn der Therapie tonaudiologisch dokumentiert werden (Abb. 2). Bei allen 4 Patienten kam es zu einer partiellen Erholung der Hörfunktion (Tabelle 2).

Tabelle 1. Präoperative BAEP und audiologische Befunde bei Patienten mit verzögertem Hörverlust (Gruppe I)

Patient	Tumor-größe	PTA[b] (0,5–1–2 KHz)	Präoperativ BAEP	Intraoperativ	Postoperativ	PTA	Ertaubung
① E.M. ♀ 46 J.	2,5 cm	40 dB	I V?	I V: o.B. transienter Verlust	I	50 dB[a]	21 Tage
② I.R. ♂ 34 J.	3,5 cm	38 dB	I II?	I II Verlust	∅	60 dB[a]	14 Tage
③ M.K. ♂ 40 J.	4,0 cm	12 dB	I III V	I III } allmählicher V } Verlust	∅	63 dB	2 Mon.
④ R.M. ♀ 66 J.	2,0 cm	55 dB	I III V	I: ? III: transienter V: Verlust	∅	72 dB	4 Mon.
⑤ D.P. ♀ 46 J.	2,0 cm	38 dB	I–III IV V	I: o.B. II–V: allmählicher Verlust	I III?	45 dB[a]	10 Tage
⑥ G.G. ♀ 69 J.	1,5 cm	28 dB	I? V	I } allmählicher V } Verlust	I	35 dB[a]	21 Tage
⑦ W.H. ♂ 50 J.	3,5 cm	45 dB	I	I transienter Verlust	I	70 dB[a]	4 Tage

[a]Hörschwelle; [b] *PTA*: Pure tone average

Tabelle 2. Perioperative BAEP und audiologische Befunde bei Patienten mit Hörerhalt unter vasoaktiver Therapie (Gruppe B)

Patient	Tumor größe	PTA (0,5–1–2 KHz)	Präoperativ	Intraoperativ BAEP	Postoperativ	PTA Postoperativ	nach Therapie
① L.G. ♀ 47 J.	4 cm	20 dB	I	I: Verlust	I	∅	38 dB
② W.C. ♀ 46 J.	2,5 cm	52 dB	I	I: o.B. V: allmählicher Verlust	I	88 dB	52 dB
③ S.M. ♀ 63 J.	2,5 cm	23 dB	I V	I: allmählicher V: Verlust	I	90 dB	58 dB
④ S.H. ♀ 49 J.	2,5 cm	22 dB	I V	I: o.B. V: transienter Verlust	I	Ertaubung	88 dB

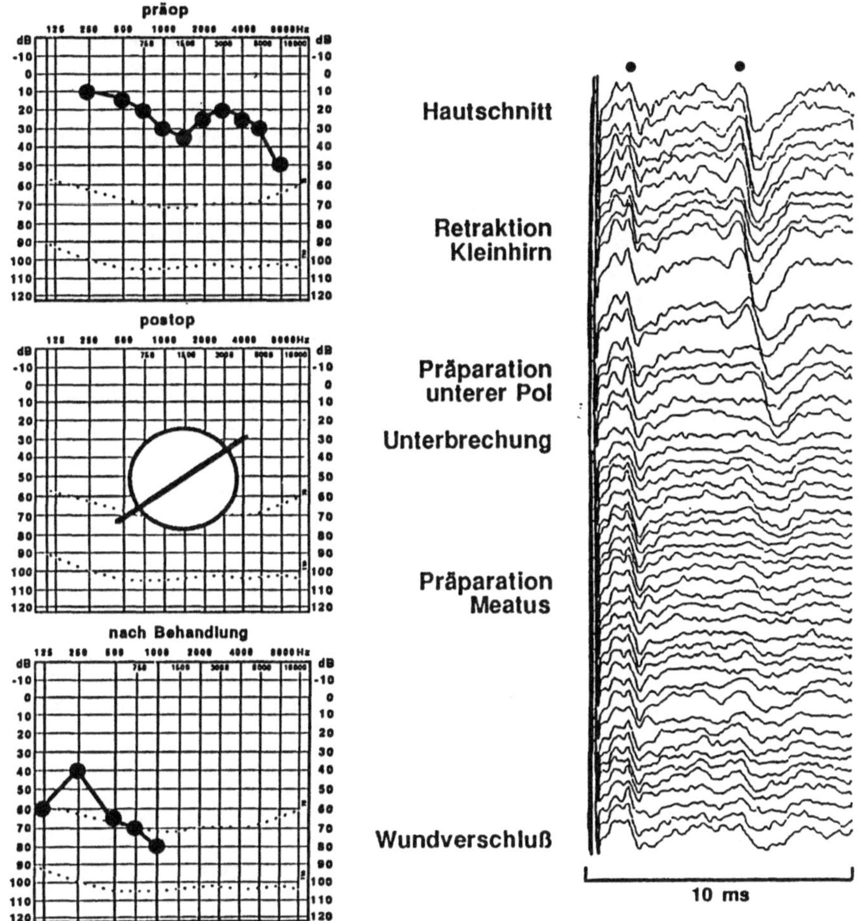

Abb. 2. Allmähliche intraoperative BAEP-Verschlechterung mit inkompletter Erholung nach Beendigung der Dissektion. Unvollständige audiologische Erholung nach initialer postoperativer Ertaubung unter vasoaktiver Therapie (Patient 4, Gruppe B)

Diskussion

Der verzögert auftretende Hörverlust nach Entfernung von Akustikusneurinomen ist ein selten beobachtetes und beschriebenes Phänomen [5]. Veränderungen akustisch evozierter Potentiale sind bislang nur in Einzelfällen beschrieben [1, 2].

Das charakteristische Verhalten der Potentiale in der vorliegenden Serie aus 11 Patienten mit sekundärer Hörverschlechterung bestand mit einer Ausnahme in einer allmählicher Verschlechterung der Potentiale zum Teil über mehrere Stunden. Bei 8 Fällen mit nachgewiesenem Gipfel V fand sich ein allmählicher Verlust dieser Welle mit Betonung der Amplitude. Eine Ursache ließ sich abgesehen von dem Einsetzen des Kleinhirnretraktors nicht identifizieren. Im Gegensatz dazu stehen abrupte Potentialverluste nach definierten chirurgischen Manövern mit sofortigem Funktionsverlust. Offenbar kommt es zu einer allmählichen Schädigung des N. cochlearis mit nachfolgendem sekundärem Funktionsverlust. Pathophysiologisch könnte eine gestörte Mikrozirkulation im Bereich der Vasa nervorum [4] zugrunde liegen als Folge eines mechanischen Traumas mit nachfolgendem Ödem oder direkt im Sinne eines Vasospasmus [3].

Von dieser Überlegung ausgehend wurde bei 4 weiteren Patienten mit allmählichen Potentialverlusten und dokumentiertem Hörverlust postoperativ Dextrane 40 eingesetzt. Ob die Erholung des Hörvermögens bei dieser Patientengruppe spontan oder in Folge der Therapie eingetreten ist, läßt sich zum jetzigen Zeitpunkt nicht entscheiden [2].

Allmähliche Potentialverschlechterungen mit Betonung der Amplitude der Welle V geben Hinweise auf einen drohenden sekundären Hörverlust. Frühzeitige postoperative BAEP und audiologische Kontrollen sind notwendig um dieses Phänomen besser zu verstehen. Der Wert einer vasoaktiven Therapie läßt sich nur mit Hilfe einer prospektiven Studie belegen.

Literatur

1. Fischer C (1989) Brainstem auditory potential (BAEP) monitoring in posterior fossa surgery. In: Desmedt JE (ed) Neuromonitoring in surgery. Elsevier, New York, pp 191–207
2. Kveton J (1990) Delayed spontaneous return of hearing after acoustic tumor surgery: evidence of cochlear nerve conduction block. Laryngoscope 100:473–476
3. Nadol JB Jr, Levine R, Ojemann RG, Martuza RL, Montgomery WW, Klevens de Sandoval P (1987) Preservation of hearing in surgical removal of acoustic neuromas of the internal auditory canal and cerebellar pontine angle. Laryngoscope 97:1287–1294
4. Sekiya T, Moller AR (1987) Cochlear nerve injuries caused by cerebellopontine angle manipulations. An electrophysiological study in dogs. J Neurosurg 67:244–249
5. Strauss C, Fahlbusch R, Romstöck J, Schramm J, Watanabe E, Taniguchi M, Berg M (1991) Delayed hearing loss after surgery for acoustic neurinomas: clinical and electrophysiological observations. Neurosurgery 28:559–565

15 Der Wert der laufenden AEP-Messungen während und nach der Operation im Kleinhirnbrückenwinkel

W. v. Tempelhoff, C. B. Lumenta, J. Hamacher, M. Krämer und E. Bluni

Einleitung

Seit 1980 gehören die prä- und postoperative AEP-Untersuchung sowie das intraoperative AEP-Monitoring an unserer Klinik zu den diagnostischen Routineverfahren bei Eingriffen im Kleinhirnbrückenwinkel (KhBW). In einer retrospektiven Untersuchung, die zwischen 1981 und 1989 operierte Patienten erfaßte, wurde die Wertigkeit der AEP-Diagnostik und des AEP-Monitorings bezüglich der intraoperativen Überwachung der Hirnstamm- und Hörfunktion sowie des postoperativen Ergebnisses überprüft.

Patientengut und Methodik

Es wurden 123 Patienten (66 weiblich, 57 männlich) untersucht, die im oben genannten Zeitraum an Raumforderungen im KhBW operiert worden waren. In 63 Fällen war ein AEP-Monitoring erfolgt, 60 Patienten waren ohne intraoperative AEP-Überwachung operiert worden. Die Mehrzahl der Patienten war zum OP-Zeitpunkt älter als 50 Jahre (69 Patienten), die größte Gruppe stellten die 50- bis 60jährigen Patienten (35).

Histologisch handelte es sich in 82 Fällen um Akustikusneurinome, ein Meningeom wurde in 10 Fällen diagnostiziert. Andere Befunde lagen jeweils in bis zu 5 Fällen vor (z.B. Gliome, Filiae, Epidermoide). Die meisten Tumoren hatten einen Diameter zwischen 2 und 4 cm (68 Fälle).

Die klinisch-neurologische und neurophysiologische Nachuntersuchung mittels AEP erfolgte in Abständen zwischen 3 Monaten und ca. 8 Jahren postoperativ und erstreckte sich über etwa ein Jahr.

Ergebnisse

Ziel der Nachuntersuchungen war die Überprüfung der Wertigkeit des AEP-Monitorings und der AEP-Verlaufsuntersuchung bezüglich der (vorzeitigen) Erfassung neurologischer Defizite einzelner physiologischer Funktionssysteme.

Steudel et al. (Hrsg.)
Evozierte Potentiale im Verlauf
© Springer-Verlag Berlin Heidelberg 1993

Postoperativer Neurostatus

Die Einteilung erfolgte gemäß der deutschen Fassung der Glasgow Outcome Scale (GOS):

- I: 68 Patienten (jeweils 34 mit und ohne AEP-Monitoring);
- II: 19 Patienten (12 mit, 7 ohne AEP-Monitoring);
- III: 10 Patienten (3 mit, 7 ohne AEP-Monitoring);
- IV: 0 Patienten;
- V: 16 Patienten (6 mit und 10 ohne AEP-Monitoring).

10 Patienten wurden bei der klinisch-neurologischen Nachuntersuchung nicht erreicht. Es wird deutlich, daß in den Outcomegruppen III und V die Patienten ohne, in Gruppe II hingegen diejenigen mit Monitoring überwiegen.

Hirnstammfunktion

Die Einteilung erfolgte nach klinischem Befund in 4 Gruppen:

- 0:   ohne Defizit;
- I: leichtes neurologisches Defizit;
- II: schweres neurologisches Defizit;
- III: vegetativer Zustand oder Exitus.

Präoperativ bestanden in 10 Fällen leichte neurologische Defizite (6mal in der Gruppe ohne, 4mal in der Gruppe mit Monitoring), in 4 Fällen schwere Defizite im Sinne von Ausfällen kaudaler Hirnnerven und Gangstörungen (alle mit Monitoring).

Postoperativ überwogen die Patienten ohne Monitoring in den Ergebnisgruppen II und III (15:5); auch die postoperativen Verschlechterungen über die gesamte Skala hinweg betrafen vornehmlich die letztgenannte Patientengruppe (20:10, Abb. 1).

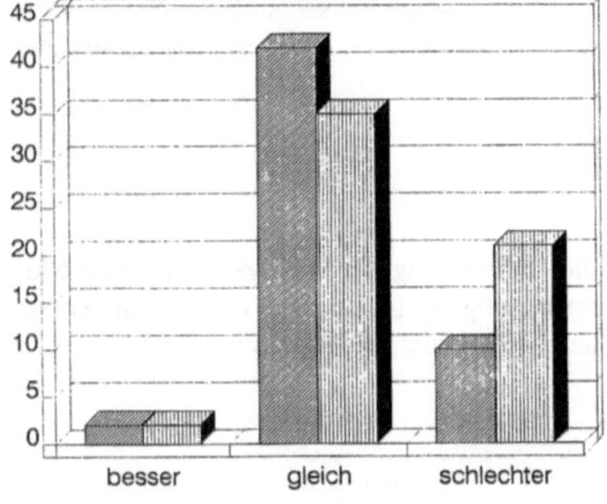
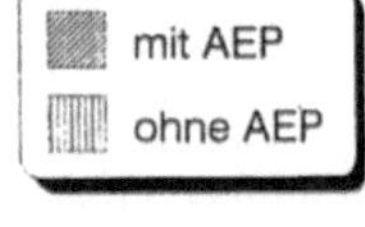

Abb. 1. Hirnstammfunktion (Drift) mit und ohne AEP

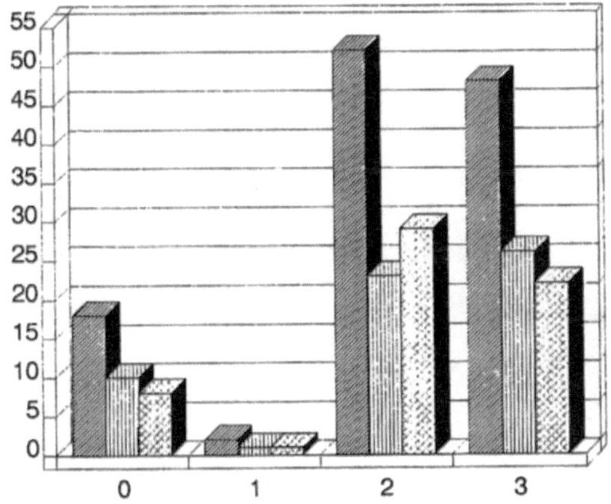

Abb. 2. Cochlearisfunktion präoperativ gesamt, mit und ohne AEP

Cochlearisfunktion

Die Einteilung erfolgte nach der klinisch-neurologischen Untersuchung analog der der Hirnstammfunktion wiederum in 4 Gruppen (Ausnahme: III: Anakusis bzw. kein „functional hearing"). Abbildung 2 zeigt, daß bereits präoperativ Patienten mit schwerer Einschränkung der Cochlearisfunktion überwiegen (Gruppe II). In Abb. 3 wird deutlich, daß eine gehörerhaltende Operation oder sogar eine Verbesserung der Hörfunktion (in 7 Fällen) insbesondere bzw. ausschließlich unter AEP-Monitoring gelang. Verschlechterungen waren hingegen in dieser Gruppe seltener (16:21) und betrafen Patienten, die bereits präoperativ in Gruppe II mit Restfunktion des Gehörs eingestuft werden mußten.

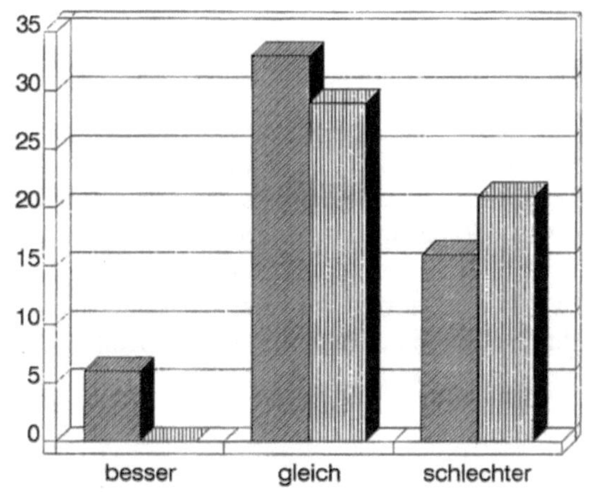
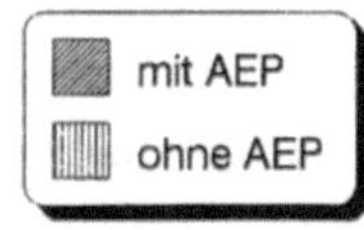

Abb. 3. Cochlearisfunktion (Drift) gesamt, mit und ohne AEP

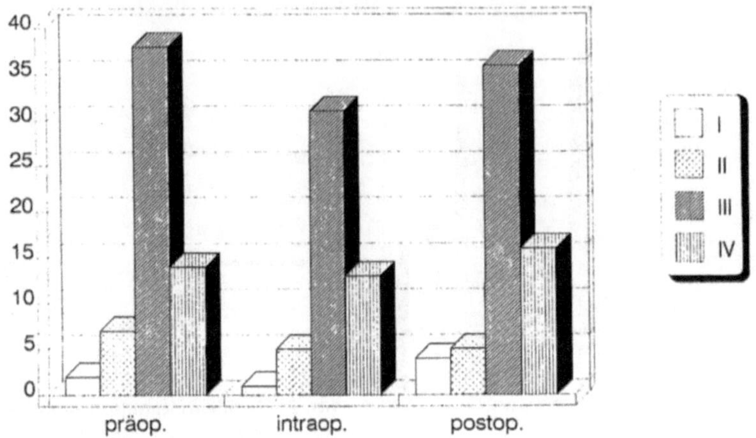

Abb. 4. AEP-Grading prä-, intra- und postoperativ

AEP-Verlauf

Die Beurteilung der prä-, intra- und postoperativen AEP-Befunde erfolgte gemäß folgender in unserer Klinik verwandten Kriterien bzgl. AEP-Amplitude und (Interpeak)latenz:

I: Normbefund;
II: Amplitude Welle I < 0.11 mV, Latenz I > 1,87 ms und/oder IPL I–V > 4,07 ms;
III: Verlust der Welle I und/oder Amplitude III < 0,08 µV und/oder V < 0,09 µV;
IV: AEP-Verlust.

Abbildung 4 verdeutlicht die relative „Stabilität" der AEP-Befunde im Verlauf.

Zusammenfassung

Es ergibt sich aus unseren Untersuchungen, daß bei Eingriffen im Kleinhirnbrükkenwinkel das AEP-Monitoring insbesondere für Patienten in schwierigen Operations- bzw. Ausgangssituationen (z.B. große Raumforderungen) Vorteile bezüglich Outcome und Cochlearisfunktion bringt. Beim Monitoring der Hirnstammfunktion, die vom AEP nur partiell erfaßt wird, setzen wir routinemäßig ein multimodales EP-Regime, d.h. ergänzt durch SEP und MEP (soweit intraoperativ und narkosetechnisch möglich) sowie eine Stimulation des N. facialis, ein.

16 Längsschnittuntersuchungen mittels MEP-Vergleich der Spätergebnisse mit dem intraoperativen Monitoring

J. Zentner, B. Meyer und V. Rohde

Einleitung

Das intraoperative Monitoring mit motorisch evozierten Potentialen (MEP) scheint nach den bisherigen Erfahrungen eine sensitive Methode zur Erfassung drohender neurologischer Komplikationen zu sein [1, 2]. Das Bedürfnis nach objektiven Kriterien hat nun die Frage aufgeworfen, ob sich MEP auch zur Beurteilung der Rückenmarkfunktion im Längsschnitt eignen. Um diese Frage zu klären, wurden 116 intraoperativ und 48 im Verlauf mit MEP untersuchte Patienten ausgewertet.

Patienten und Methoden

Das intraoperative MEP-Monitoring wurde an insgesamt 116 Patienten im Alter von 6–82 Jahren (Durchschnittsalter 51 Jahre) durchgeführt. 92 Patienten hatten eine tumoröse, 24 eine nichttumoröse Läsion. Die Erkrankung war lokalisiert im Bereich der hinteren Schädelgrube in 32 und spinal in 84 Fällen. Von diesen 116 Patienten wurden 48 im Verlauf (3–18 Monate postoperativ) klinisch und elektrophysiologisch kontrolliert, wobei im Falle eines unveränderten neurologischen Status in der Regel 2–3, im Falle neurologischer Veränderungen stets mehrere Kontrolluntersuchungen durchgeführt wurden.

Den intraoperativen Untersuchungen wurden als Beurteilungskriterium tolerable Amplitudendifferenzen am Ende des Eingriffs von bis zu 50% des Ausgangswertes, wie er nach Stabilisierung der Narkose erhalten wurde, zugrunde gelegt. Daraus ergeben sich 3 mögliche Beziehungen zwischen MEP und dem postoperativen motorischen Status: korrekt im Falle von Amplitudendifferenzen unter 50% bei unverändertem motorischen Status oder über 50% bei einem zusätzlichen Defizit, falsch-positiv im Falle anhaltender Amplitudendifferenzen von mehr als 50% des Ausgangswertes bei unverändertem motorischen Status und falsch-negativ, wenn ein zusätzliches motorisches Defizit mit Amplitudendifferenzen unter 50% einhergeht. Beurteilungskriterium für Potentialänderungen im Verlauf war das Verhalten der Latenz, wobei als Grenzwert Schwankungen von ± 1,5 ms festgelegt wurden. Auch daraus lassen sich 3 mögliche Beziehungen zwischen Entwicklung der Potentiale und dem klinischen motorischen Status ableiten: korrekt bei Schwankungen innerhalb des Grenzbereiches und unverändertem motori-

Steudel et al. (Hrsg.)
Evozierte Potentiale im Verlauf
© Springer-Verlag Berlin Heidelberg 1993

schem Status bzw. bei Zunahme/Abnahme der Latenz über 1 ms und Verschlechterung/Besserung des motorischen Status, falsch-positiv im Falle von Latenzschwankungen über dem Grenzwert und unverändertem motorischem Status und falsch-negativ, wenn der motorische Status sich verändert bei Latenzschwankungen innerhalb des Grenzbereiches. Über die Technik der intra- und perioperativen MEP-Untersuchung haben wir an anderer Stelle berichtet [3, 4].

Ergebnisse

Intraoperatives MEP-Monitoring

23 von 27 (85%) Ableitungen vom Rückenmark und 32 von 38 (84%) Ableitungen von der Cauda equina zeigten eine korrekte Beziehung zum postoperativen motorischen Status. In 4 (15% und 6 (16%) Fällen fanden sich falsch-positive Ergebnisse. Bei den Ableitungen von der Extremitätenmuskulatur fanden sich in 77% (Thenarmuskulatur) und in 82% (M. tibialis anterior) korrekte Ergebnisse, während die Beziehung in 23 bzw. 18% falsch-positiv war. In keinem Fall konnte eine falsch-negative Korrelation beobachtet werden (Abb. 1).

Postoperatives MEP-Monitoring

Die Verlaufsuntersuchungen ergaben folgende Ergebnisse: 18 der 34 (53%) und 23 der 48 (47,9%) Ableitungen von der Thenarmuskulatur bzw. vom M. tibialis anterior erbrachten eine korrekte Beziehung zwischen klinisch-motorischem Status und Potentialverlauf. In 17,6 bzw. 18,8% fanden sich falsch-positive Ergebnisse, während 10 (29,4%) und 16 (33,3%) Ableitungen eine falsch negative Beziehung zeigten (Abb. 2).

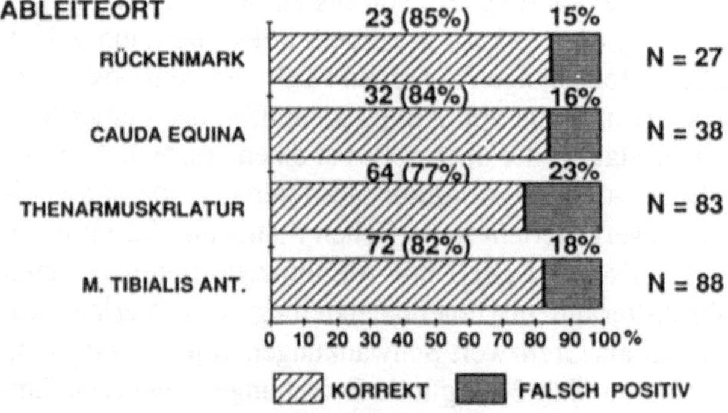

Abb. 1. Intraoperatives MEP-Monitoring: Korrelation der Potentialbefunde mit dem postoperativen motorischen Status. Ergebnisse von 116 Patienten sind dargestellt. In der Regel wurde gleichzeitig von verschiedenen Ableiteorten registriert

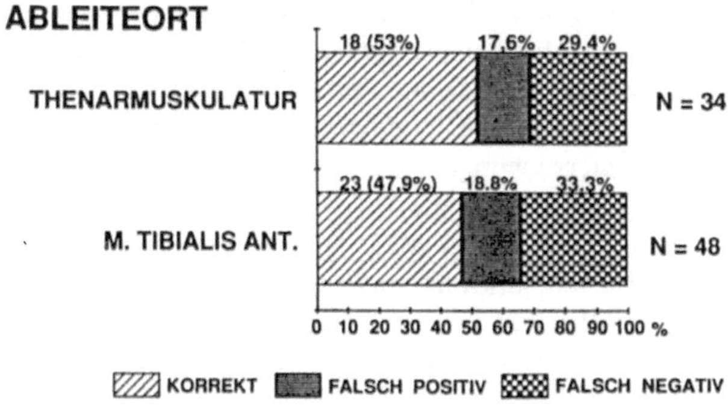

Abb. 2. Postoperatives MEP-Monitoring: Vergleich der elektrophysiologischen Befunde im Längsschnitt mit der Entwicklung des klinisch-motorischen Status. Die Befunde von 48 Patienten sind dargestellt. In der Regel wurde von beiden Ableiteorten registriert

Diskussion

Unsere Ergebnisse bestätigten die hohe Sensibilität von MEP, was die Erfassung drohender neurologischer Komplikationen im Rahmen des intraoperativen Monitorings betrifft. Etwa 80% der Ableitungen erbrachten eine korrekte und 20% eine falsch-positive Beziehung, wobei keine wesentlichen Unterschiede zwischen den verschiedenen Ableiteorten festzustellen waren. Dagegen konnte keine falsch-negative Korrelation beobachtet werden. Dies bedeutet, daß im Falle von intraoperativen Amplitudenschwankungen unter 50% kein zusätzliches postoperatives Defizit zu erwarten ist, während im Falle einer bis zum Operationsende anhaltenden Amplitudenreduktion über 50% des Ausgangswertes ein neurologisches Defizit möglich ist. Allerdings war nur der intraoperative Potentialverlust ein sicheres Indiz für eine schwerwiegende neurologische Komplikation.

Bei den Verlaufsuntersuchungen war nur in etwa der Hälfte der Fälle eine korrekte Beziehung festzustellen. Knapp 20% der Ableitungen zeigten falsch-positive und rund 30% falsch-negative Ergebnisse. Somit besteht insgesamt nur eine vage Beziehung zwischen dem Potentialverhalten und der Entwicklung des klinischen motorischen Status. Die zahlreichen falsch-negativen Befunde betreffen im wesentlichen Patienten, die sich klinisch im Verlauf besserten, was elektrophysiologisch in der Regel nicht nachvollzogen werden konnte. Auch bei unverändertem klinischen Befund waren in einzelnen Fällen Potentialänderungen im Verlauf festzustellen. Somit korrelieren Konstanz und insbesondere Besserung des klinischen motorischen Status nicht zuverlässig mit dem Potentialverhalten. Lediglich die klinische Verschlechterung geht zuverlässig mit einer Verschlechterung der Potentialbefunde einher.

Die scheinbar unterschiedliche Wertigkeit von MEP beim intraoperativen Monitoring und bei Verlaufsuntersuchungen ist im wesentlichen auf 2 Ursachen zurückzuführen. Zum einen geht es intraoperativ nur um die Erfassung einer Verschlechterung. In dieser Fragestellung sind MEP nach unseren Befunden auch im Rahmen von Verlaufsuntersuchungen durchaus sensitiv. Die Besserung der Rükkenmarkfunktion ist intraoperativ von geringer, im Verlauf dagegen von wesentlicher Bedeutung. Zum anderen ist der Vergleich elektrophysiologischer Befunde beim wachen Patienten (Verlaufsuntersuchungen) schwieriger als unter standardisierten Bedingungen (intraoperatives Monitoring).

Zusammenfassend läßt sich feststellen, daß MEP am ehesten dazu geeignet sind, eine Verschlechterung der Rückenmarkfunktion anzuzeigen. Daraus folgt einerseits die hohe Wertigkeit von MEP für das intraoperative Monitoring, wo es um die Erfassung neurologischer Komplikationen geht. Andererseits sind MEP kein ideales objektives Maß, um die Rückenmarkfunktion im Verlauf zu beurteilen, zumal die klinische Besserung kaum erfaßt wird.

Literatur

1. Boyd SG, Rothwell JC, Cowan JMA, Webb PJ, Morley T (1986) A method of monitoring functions in corticospinal pathways during scoliosis surgery with a note on motor conduction velocities. J Neurol Neurosurg Psychiatry 49:251–257
2. Levy WJ (1987) Clinical experience with motor and cerebellar evoked potential monitoring. Neurosurgery 20:169–182
3. Zentner J, Rieder G (1990) Diagnostic significance of motor evoked potentials in space-occupying lesions of the brainstem and spinal cord. Eur Arch Psychiatr Neurol Sci 239:285–289
4. Zentner J (1991) Motor evoked potentials monitoring during neurosurgical operations on the spinal cord. In: Shimoji K (ed) Spinal cord monitoring and electrodiagnosis. Springer, Berlin Heidelberg New York Tokyo, pp 388–395

17 Erholung klinischer Funktionsstörungen und Normalisierung von Latenzen und Amplituden von evozierten Potentialen (EP) nach Dekompression infra- und supratentorieller Raumforderungen (RF)

I. Reuter, P. Christophis, C. Zeidel und T. Burchas

Einleitung

Die klinische Relation konnte bisher bei allen evozierten Potentialen (EP) nachgewiesen werden [1, 2, 6, 7, 9]. In den meisten Fällen zeigen die EP Funktionsstörungen des Nervengewebes bereits bevor sie klinisch in Form von neurologischen Ausfällen manifest geworden sind. Die Relevanz der Potentialveränderungen in bezug auf die Klinik ist jedoch bis auf manche Ausnahmen, z.B. Verlust eines Potentials unklar. Oft bleibt auch die Frage über die Zeitdauer der Reversibilität der Veränderungen von EP in bezug auf die Dauer von transient auftretenden neurologischen Symptomen nach Dekompression einer intrakraniellen Raumforderung (RF) offen [1, 2, 4]. Aus diesem Grunde wurde im Rahmen dieser Arbeit versucht, der Antwort dieser Fragen näher zu kommen.

Material und Methode

Bei dieser Studie wurden 52 Patienten prospektiv untersucht, davon 30 Frauen und 22 Männer im Alter von 33 bis 78 Jahren.

20 dieser Patienten erkrankten an einer infratentoriellen RF und 32 an einer supratentoriellen. Alle Patienten wurden einer eingehenden neurologischen Untersuchung unterzogen. Parallel dazu wurden die akustischen (AEP), somatosensiblen (medianus evozierten SEP) und die visuell („flash") evozierten Potentiale präoperativ, am OP-Tag sowie am 1., 3., 6. und 8. postoperativen Tag nach standardisierten Methoden [1, 7–9] abgeleitet.

Alle EP wurden jeweils 3fach superponiert und „off line" ausgewertet.

Bei der Auswertung des AEP wurden die Wellen I, II und V, beim SEP das kortikale Potential und die zentrale Überleitungszeit (CSCT) und beim VEP die Welle P 100 berücksichtigt.

Diese Patienten wurden nach 6 bzw. 12 Monaten nachuntersucht,. was wiederum aus technischen Gründen nur bei 50% der Patienten gelang.

Steudel et al. (Hrsg.)
Evozierte Potentiale im Verlauf
© Springer-Verlag Berlin Heidelberg 1993

Tabelle 1. Infratentorielle Raumforderung

Verlauf	AEP	SEP	VEP
Präoperativ normal	3	6	10
Vorübergehend pathologisch	1	2	7
Postoperativ pathologisch	0	1	1
Stets normal	2	3	2
Präoperativ pathologisch	17	14	10
Postoperativ normalisiert	3	8	4
Pathologisch geblieben	14	6	6

Ergebnisse

Die postoperativen AEP-Veränderungen sind Tabelle 1 zu entnehmen. Einschränkend muß erwähnt werden, daß sich in dieser Patientengruppe vorwiegend Patienten mit Kleinhirnbrückenwinkeltumoren befanden. Bei ihnen blieb das AEP auf der betroffenen Seite gestört, während es sich auf der Gegenseite zunehmend erholte. Bei den Patienten mit sonstigen Prozessen der hinteren Schädelgrube normalisierten sich die Potentiale zwischen dem 6. und 9. Tag postoperativ. Typische Pathologika waren eine Latenzverlängerung und Amplitudenabflachung der Welle V.

Eine bessere postoperative Erholung zeigten die SEP (s. Tabelle 1). Die häufigsten Veränderungen der SEP war eine Amplitudenreduktion. Nur bei 4 Patienten kam es zu einer Verlängerung der CSCT.

Zu einer Normalisierung der Potentiale kam es insbesondere bei jenen Patienten, bei denen keine Paresen bestanden hatten.

Die Verbesserung trat innerhalb der ersten 8 Tage ein.

Ein normales VEP ließ sich nur bei der Hälfte der Patienten ableiten. Lediglich bei den Patienten mit pathologischem VEP bestand klinisch eine Visusstörung. Die übrigen Patienten, die ein pathologisches VEP hatten, wiesen in der Regel Hirndruckzeichen auf.

Bei den Patienten mit präoperativ pathologischen VEP blieben Störungen des VEP mit Abflachung und Verlängerung der P-100-Latenz über den Beobachtungszeitraum hinaus bestehen.

Ein vorübergehend pathologisches VEP innerhalb der ersten 6 postoperativen Tage zeigten 7 Patienten.

Die AEP-Veränderungen bei supratentoriellen Prozessen sind Tabelle 2 zu entnehmen. Das AEP war fast ausschließlich bei Patienten mit großen frontalen und temporodorsalen Raumforderungen schon präoperativ verändert. Kurzfristige AEP-Störungen ließen sich zwischen dem OP-Tag und dem 3. postoperativen Tag nachweisen.

Anhand des postoperativen Kontrollcomputertomogramms konnte man den Eindruck gewinnen, daß dies vorwiegend bei Patienten mit ausgedehnter postope-

Tabelle 2. Supratentorielle Raumforderung

Verlauf	AEP	SEP	VEP
Präoperativ normal	23	25	16
Vorübergehend pathologisch	11	7	11
Postoperativ pathologisch	3	7	5
Stets normal	9	11	0
Präoperativ pathologisch	9	7	16
Postoperativ normalisiert	2	3	4
Pathologisch geblieben	7	4	12

rativer Schwellung der Fall war. Klinisch wirkten diese Patienten lediglich müde und abgeschlagen.

Die häufigsten AEP-Veränderungen waren dabei eine Verlängerung der Interpeaklatenz (IPL) I–III und I–V sowie eine leichte Amplitudenreduktion der Welle III und V.

Die Ergebnisse der SEP-Veränderungen sind in Tabelle 2 zu sehen. Alle Patienten mit präoperativ pathologischen SEP-Ableitungen zeigten klinisch eine Hemiparese.

Als Veränderungen ließen sich dabei viermal eine Amplitudenreduktion und 3mal eine Verlängerung der CCT nachweisen. Auffällig war auch eine bei 7 Patienten eintretende vorübergehende SEP-Verschlechterung innerhalb der ersten 6 postoperativen Tage.

Klinisch bestand bei diesen Patienten allenfalls eine Pronations- bzw. Absinktendenz.

Das VEP war bei der Hälfte der Patienten schon präoperativ pathologisch. Bevorzugt fanden sich Veränderungen bei frontalen Prozessen. 9 Patienten davon klagten über Sehstörungen wie Verschwommensehen und Flimmern vor den Augen und bei 2 Patienten bestand ein Visusverlust (je einmal ein Hypophysentumor und Kraniopharyngeom).

In 12 Fällen blieb das VEP postoperativ pathologisch. Eine Korrelation zu den präoperativ nachgewiesenen Sehstörungen konnte nicht sicher nachgewiesen werden. Allerdings normalisierte sich das VEP nur bei 2 Patienten mit präoperativen Sehstörungen nach der Operation.

Die in der postoperativen Phase auftretenden VEP-Störungen normalisierten sich innerhalb von 8 Tagen. Darüber hinaus fortbestehende VEP-Veränderungen waren auch bei der Nachuntersuchung 1/2 und 1 Jahr nach der Operation nachweisbar.

Zusammenfassung und Diskussion

Zusammenfassend können wir sagen, daß die klinischen Störungen nach Dekompression einer RF rascher rückläufig sind, als die Veränderung der EP. In der perioperativen Phase kommt es zunächst zu vorübergehenden Veränderungen der Potentiale, die dann bis zu maximal 8 Tagen (ausgenommen das VEP) postoperativ andauern und klinisch eine nur geringe Relevanz haben. Bei diesen Veränderungen handelt es sich allerdings nicht um einen Potentialverlust, sondern jeweils um Latenzzunahmen oder Amplitudenminderungen der Potentialgipfel. Die postoperativ auftretenden klinischen Veränderungen deuten sich zumeist bei den vorangegangenen Potentialveränderungen an.

Es ist anzunehmen, daß die vorübergehenden rasch reversiblen Veränderungen der EP durch eine Irritation der korrespondierenden Bahn, z.T. als Fernwirkung (Massenverlagerung?, Durchblutungsveränderung?), zustande kommen oder infolge der operativen Manipulation im Bereich der untersuchten sensorischen Bahn (im Falle der unmittelbaren Tumornachbarschaft) entstehen. Im letzteren Fall dauert die Normalisierung der EP entweder sehr lange oder bleibt für immer aus.

Literatur

1. Gentili F, Lougheed WM, Yamashiro K, Corrado C (1985) Monitoring of sensory evoked potentials during surgery skull base Tumours, Con J, Neurol Sci 12:(4) 336–40
2. Grundy BL, Lina A, Procopia PT, Jannetta PJ (1981) Reversible evoked potential changes with retraction of the eighth cranial nerve Anesth Analg 60:835–838
3. Grundy BL (1983) Intraoperative monotoring of sensory-evoked potentials. Anesthesiology 58:72–87
4. Hashimoto I, Ishiyama Y, Tzuka G, Mizutani H (1980) Monitoring brainstem function during posterior fossa surgery with braïnstem auditory evoked auditory evoked potentials. In: Barber C (ed) Evoked potentials. University Park Press, Baltimore
5. Jacobson GP, Yeh HS (1985) The auditory brainstem response in surgical monitoring: the pathological significance of a reduced P_1–P_5 interwave
6. Lumenta CB (1985) Die Bedeutung der akustisch evozierten Potentiale in der Neurochirurgie Habilitationsschrift, medizinische Fakultät der Universität Düsseldorf
7. Lowitsch K, Maurer K, Hopf HC (1983) Evozierte Potentiale in der klinischen Diagnostik. Thieme, Stuttgart New York
8. Mangham CA, Holmberg TA, Skalabrin T (1986) Intraoperative auditory brain stem response monitoring during ultrasonic aspiration of posterior fossa tumors. Otolaryngol Head Neck Surg 94:61–8
9. Maurer K, Lowitsch K, Stoehr M (1990) Evozierte Potentiale. AEP, VEP, SEP. Enke, Stuttgart
10. McPherson DL, Ragnar A, Foltz E (1985) Auditory brainstem response in infant hydrocephalus. Child's New Syst, CNS 1:70–76
11. Raudzens PA, Shetter AG (1982) Intraoperative monitoring of brain-stem auditory evoked potentials. J Neurosurg 57:341–8

12. Redmond J, Ahmad MT (1986) Recovery following acute pontine hemorrhage. Henry Ford Hospital Med J 34:6–10
13. Wang A, Symon L, Costa e Silva I (1982) Recording of somatosensory evoked potentials during intracranial aneurysm surgery. Proceedings of the Second International Evoked Potentials Symposium, Cleveland

18 Intensivmedizinische Verlaufskontrolle durch multimodal evozierte Potentiale bei raumfordernden intrakraniellen Prozessen

W. A. Dauch

Einleitung

Raumfordernde intrakranielle Prozesse neigen zur Expansion. Erreicht die Volumenzunahme ein kritisches Ausmaß, so resultieren Veränderungen der klinischen Symptomatik, die ihrerseits zur Durchführung bildgebender diagnostischer Maßnahmen zum Anlaß genommen werden, mit denen sich diese Veränderungen der Raumforderung darstellen lassen. Bei Patienten, die ihre subjektiven Beschwerden nicht mitteilen und/oder nicht differenziert neurologisch untersucht werden können, mag jedoch der Fall eintreten, daß der klinische Befund erst sehr spät, d.h. zum Zeitpunkt der Dekompensation auffällig wird. Dies trifft beispielsweise zu auf solche Patienten, die aufgrund einer intrakraniellen Läsion bereits komatös sind oder die – etwa zur Durchführung einer kontrollierten Beatmung – hochdosiert mit Sedativa und stark wirksamen Analgetika behandelt werden. Angesichts einer individuell sehr unterschiedlichen, nicht linearen und z.T. sehr raschen Entwicklungsdynamik solcher Prozesse (z.B. spontane, traumatische oder postoperative Hämatome, Ödeme, raumfordernde Infarkte) ist die Ergänzung regelmäßiger klinischer Untersuchungen durch ebenso regelmäßige bildgebende Röntgenuntersuchungen praktisch kaum durchführbar, da sie mehrfach in relativ kurzen Abständen (Stunden!) wiederholt werden müßten.

Erwünscht sind also Überwachungsverfahren, die 1. sensitiver auf eine Volumenzunahme intrakranieller raumfordernder Prozesse reagieren als die bei komatösen/sedierten Patienten beurteilbaren neurologischen Parameter, die 2. häufig, in kurzen Abständen, zu vertretbaren Kosten und möglichst bettseitig durchführbar sind und die 3. komplikationsfrei, d.h. nicht invasiv sein sollen.

Die Untersuchung evozierter Potentiale (EP) wäre ein geeignetes Überwachungsverfahren, wenn der Nachweis gelänge, daß sie auf eine Zunahme raumfordernder intrakranieller Prozesse früher hinweisen als die feststellbaren klinischen Symptome. Die hierzu bisher mitgeteilten Ergebnisse sind teils negativ [6, 7, 9, 12], teils positiv [1–3, 10, 11]. Mögliche Ursachen für diese Widersprüchlichkeit könnten liegen zum einen in den sehr unterschiedlichen Untersuchungsintervallen (Minuten bis Tage), zum anderen in der Unterschiedlichkeit der verwendeten EP-Modalitäten und der ausgewerteten EP-Parameter, und zum dritten in den z.T. sehr unterschiedlichen Stichprobengrößen dieser Studien. Systematische prospektive Untersuchungen mit multimodal evozierten Potentialen, regel-

Steudel et al. (Hrsg.)
Evozierte Potentiale im Verlauf
© Springer-Verlag Berlin Heidelberg 1993

mäßig abgeleitet in angemessenen kurzen Abständen bei einer größeren Patientenzahl, könnten einige der offenen Fragen beantworten.

Patienten und Methoden

Patienten. 75 Patienten (Alter über 10 Jahre) einer neurochirurgischen Intensivstation, die aufgrund einer intrakraniellen Läsion und/oder der zu ihrer Behandlung vorgenommenen Sedierung/Analgesie keine gezielte Reaktion auf Ansprache oder Schmerzreiz zeigten. Diagnose: Hirntumoroperation (n = 33), Subarachnoidalblutung Grad I bis III mit Aneurysmaoperation (n = 7), Subarachnoidalblutung Grad IV und V ohne Aneurysmaoperation (n = 6), spontane intrazerebrale Blutung (n = 7), schweres Schädel-Hirn-Trauma (Glasgow Coma Score 3 bis 7, n = 20), raumfordernder Hirninfarkt (n = 2). Entsprechend den klinischen Erfordernissen erhielten die Patienten Promethazin zur Sedierung sowie Pethidin als stark wirksames Analgetikum.

EP-Modalitäten. Innerhalb von jeweils 60–75 min. wurden hintereinander akustische „Hirnstammpotentiale" (BAEP), somatosensible Potentiale (SEP) und Blitzevozierte visuelle Potentiale (VEP) abgeleitet, jeweils nach sukzessiver Stimulation auf beiden Körperseiten (Nicolet compact four).

BAEP: „rarefaction click" von 0,1 ms Dauer, 90–105 dB „normal hearing level" (nHL), 15,3 pro Sekunde, 3mal 1000 Stimuli über Kopfhörer mit kontralateralem weißen Rauschen von 50 dB nHL. Ableitung Mastoid ipsi- und kontralateral gegen C'z, 0 bis 10 ms nach Stimulus (bei kontralateraler Ableitung in die Wellen IV und V besser zu trennen als bei ipsilateraler Ableitung).

SEP: Elektrischer Rechteckreiz, N. ulnaris am Handgelenk (besser zugänglich als der N. medianus wegen der bei Intensivpatienten häufigen Kanülierung der A. radialis), 5,7 pro Sekunde, 2 mA über der motorischen Schwelle, 3mal 250 Stimuli. Ableitung über dem Dornfortsatz des 2. Halswirbels und kontralateral postzentral (C'3 bzw. C'4) gegen Fpz, 20 ms vor bis 80 ms nach Stimulus.

VEP: Brille mit seitengetrennt ansteuerbaren roten Leuchtdioden, 1,1 pro Sekunde, 3mal 50 Stimuli. Ableitung über dem Dornfortsatz des 2. Halswirbels (erbringt nahezu identische Ergebnisse wie Oz) gegen C'z, 100 ms vor bis 500 ms nach Stimulus.

Ausgewertete EP-Parameter. BAEP: Interpeaklatenz (IPL) I–III ipsilateral, IPL I–V kontralateral (oder I–IV/V, wenn fusioniert).

SEP: IPL N 16 (2. Halswirbel) – N22 (C'3/4), Amplitude N22/P28.

VEP: Latenz und Amplitude des höchsten positiven peaks im Latenzbereich nach 90 ms, bei der hier angewandten Methode aufgrund seiner mittleren Latenz in der Kontrollgruppe als „P135" bezeichnet.

Untersuchungsintervalle. Bei allen operierten Patienten begann die erste EP-Untersuchung 2 h nach Operationsende. Alle Patienten mit akuten Ereignissen als

Komaursache (Unfall, Blutung, Infarkt) wurden erstmals spätestens 24 h nach diesem Ereignis untersucht (anderenfalls Ausschluß aus der Studie). Die Intervalle zwischen aufeinanderfolgenden Untersuchungen betrugen regelmäßig 4 h während der ersten 24 h (U1–U6), 12 h während der nächsten 3 Tage (U7–U12), 48 h zwischen Tag 5 und Tag 15 (U13–U18) und im weiteren Verlauf jeweils 7 Tage (U19 und folgende). Gleichzeitig mit jeder EP-Untersuchung wurden Parameter des klinisch-neurologischen Befundes sowie einige vegetative Parameter protokolliert, ggf. zusätzlich intrakranieller Druck, zerebraler Perfusionsdruck, intrakranielle Blutflußgeschwindigkeit und die CT-Befunde. Insgesamt kamen 500 multimodale EP-Untersuchungen zur Auswertung.

Beurteilung. EP-Befunde wurden als pathologisch gewertet, wenn die Latenzparameter die 0,99-Fraktile über- und die Amplitudenparameter die 0,01-Fraktile unterschritten, bezogen auf den jeweiligen Referenzdatensatz.

Ergebnisse

Zur Beurteilung der EP-Befunde bei Patienten unter Sedierung/Analgesie können zumindest für die Parameter IPL N16–N22 (SEP) und Latenz P135 (VEP) *nicht* solche Normalwerte zum Vergleich herangezogen werden, die bei gesunden Vergleichspersonen gewonnen wurden. Hierfür müssen gesonderte Referenztabellen erarbeitet werden. Zur Beurteilung der EP-Befunde, die kurz nach einer intrakraniellen Operation erhoben wurden (hier: 2–3 h nach Operationsende) müssen für die Parameter IPL I–III und IPL I–V (BAEP) wiederum besondere Referenztabellen benutzt werden. Die Amplitudenparameter N22/P28 (SEP) und P135 (VEP) dagegen erleiden weder durch Sedierung/Analgesie noch durch Operation systematische Veränderungen.

Diese beiden Amplitudenparameter zeigen jedoch auch bei der Kontrollpopulation *keine* Normalverteilung. Durch logarithmische Transformation lassen sich die Verteilungen dieser Meßwerte jedoch problemlos in Normalverteilungen überführen, so daß die Berechnung von Standardabweichungen möglich wird.

Bei komatösen Patienten gehört die Weite und die Reaktionsfähigkeit auf Lichtreiz der Pupillen zu den wenigen feststellbaren klinischen Symptomen einer zunehmenden intrakraniellen Raumforderung. Wertet man einen pathologischen Pupillenbefund (unter der genannten Medikation: mindestens einseitig Durchmesser über 4 mm und/oder Ausfall der direkten Lichtreaktion) als „goldenen Standard", so zeigt sich zwar nur eine schwache Korrelation zu den *gleichzeitig* erhobenen EP-Befunden, jedoch läßt sich durch EP-Untersuchungen das *zukünftige* Pupillenverhalten häufig vorhersagen: 21 unserer Patienten zeigten *sekundäre* Verschlechterungen des Pupillenbefundes. Das EP-Kriterium mit der bezüglich des zukünftigen Pupillenverhaltens höchstens prognostischen Spezifität (98%) ist der Ausfall der kortikalen N22 der SEP. Leider liegt für dieses Kriterium die Sensitivität nur bei 48%. Betrachtet man alle 6 ausgewerteten EP-Parameter gemeinsam und wertet es als prognostischen Index, wenn nur einer (gleichgültig welcher) dieser Parameter pathologische Werte annimmt, so ist zwar die Sensitivität hoch (90%), jedoch die Spezifität der Prognose gering (40%). Wichtet man Sensitivität und Spezifität der Prognose gleich, so kann der arithmetische Mittelwert beider Maße als Kriterium für die prognostische Güte eines Merkmales dienen. Den günstigsten Wert erhält man bei dieser Betrachtungsweise, wenn nicht nur das völlige Verschwinden der N22 (SEP) berücksichtigt wird, sondern auch die Amplitudenreduzierung dieser Welle unter die 0,01-Fraktile (Sensitivität 71%, Spezifität 84%). Falsch-negative Vorhersagen (bezüglich einer Verschlechterung des Pupillenbefundes) traten hier fast ausschließlich bei schweren Schädel-Hirn-Traumata auf [5].

Bei richtig-positiver Prognose einer sekundären Verschlechterung des Pupillenbefundes ist der zeitliche Abstand zwischen erstmals auffälligem SEP-Befund und erstmals auffälligem Pupillenbefund eine Funktion der Dynamik des raumfordernden Prozesses: Traten Mydriase und/oder Ausfall der Lichtreaktion innerhalb von 24 h nach dem initialen Ereignis auf, so betrug die „Vorwarnzeit" zwischen 4 und 16 h. Bei langsameren Prozessen lag sie zwischen 16 und 68 h. Abbildung 1 zeigt den EP-Status einer Patientin 12 h nach Subarachnoidalblutung mit raumfordernder intrazerebraler Blutung im klinischen Grad IV mit zu diesem Zeitpunkt regelrechtem Pupillenbefund. Die kortikalen SEP fehlen bei sonst regelrechtem EP-Befund; 8 h später erlischt die Pupillenlichtreaktion rechts.

Zu entsprechenden Ergebnissen kommt man, wenn man ausschließlich die computertomographisch gesicherte Volumenzunahme eines hyper- (Blutung) oder hypodensen (Ödem, Infarkt) raumfordernden Prozesses betrachtet. Bei 17 unserer Patienten lag eine solche Situation vor. Wir haben bei ihnen für 4 EP-Wellen (III und V der BAEP, N22 der SEP und P135 der VEP), 4 neurologische Merkmale (Pupillendurchmesser, Pupillenlichtreaktion, Kornealreflex, motorische Reaktion), 2 „vegetative" Parameter (Urinausscheidung, Herzfrequenz) sowie den intrakraniellen Druck die zeitliche Reihenfolge festgestellt, in der sie bei diesen Patienten

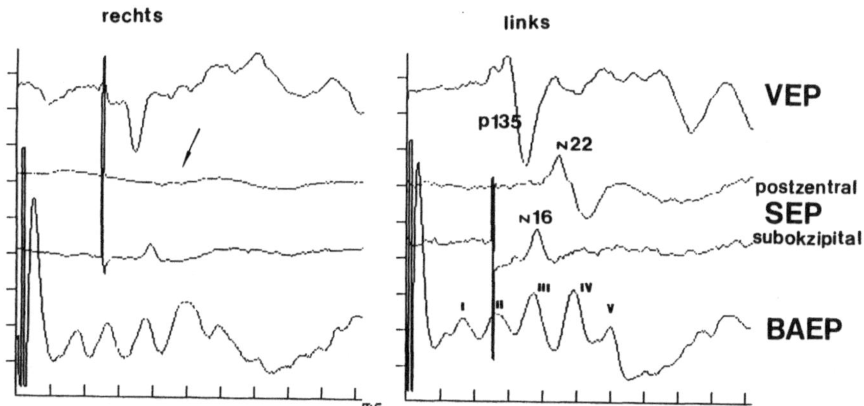

Abb. 1. EP-Status 59jährige Patientin 12 h nach Subarachnoidalblutung mit intrazerebraler Blutung. Zum Untersuchungszeitpunkt klinisch Grad IV, regelrechter Pupillenstatus. Kortikale SEP von rechts fehlen, sonst regelrechte EP; 8 h nach dieser Ableitung Ausfall der Pupillenreaktion rechts

Tabelle 1. Klinische und elektrophysiologische Merkmale als Erstsymptome computertomographisch nachweisbarer Expansionen raumfordernder Prozesse (17 Patienten = 100%, Summe über 100% wegen Mehrfachbenennungen, s. Text)

Merkmal mit pathologischer Ausprägung	Häufigkeit des Auftretens als Erstsymptom [%]
SEP-N22	71
BAEP-V	53
BAEP-III	29
VEP-P135	29
Pupillenlichtreaktion	18
Pupillendurchmesser	12
Kornealreflex	12
Strecksynergien	0
Herzfrequenz	0
Urinausscheidung	0
ICP	0

pathologisch wurden. Dasjenige Merkmal, das zuerst auffällig wurde, bezeichneten wir als Erstsymptom. Häufig wurden initial mehrere Merkmale gleichzeitig pathologisch, so daß insgesamt 38 Veränderungen als Erstsymptome klassifiziert wurden. Tabelle 1 zeigt, daß EP-Veränderungen bei komatösen Patienten mit progredienter Raumforderung typische Frühsymptome sind und daß auch bei diesem Auswertungsmodus die kortikalen SEP wiederum an der Spitze stehen.

Diskussion

Die serielle Untersuchung multimodal evozierter Potentiale im „feindlichen" Umfeld einer geschäftigen Intensivstation ist schwierig und aufwendig. Sollte sich das Verfahren jedoch als geeignet erweisen zur Früherkennung einer Expansion raumfordernder intrakranieller Prozesse, so wäre seine Anwendung zu diskutieren. Dies gälte um so mehr, wenn es gelänge, den Aufwand zu reduzieren durch die Beschränkung der Auswertung auf einen oder wenige der zahlreichen untersuchbaren EP-Parameter. Unter diesen Bedingungen ist sogar ein automatisches Monitoring möglich [4, 8], das eine weitere Verkürzung der Untersuchungsintervalle erlaubt und damit möglicherweise die Zahl falsch-negativer Vorhersagen weiter verringert.

In der dargestellten Patientenstichprobe zeigt sich bei der Gesamtbetrachtung in der Tat, daß die günstigste Kombination aus Sensitivität und Spezifität (bei gleicher Wichtung) der Vorhersage durch Auswertung allein der kortikalen SEP zu erreichen ist. Die zusätzliche Berücksichtigung anderer Parameter oder anderer Modalitäten vermag zwar die Sensitivität für die Vorhersage sekundärer Verschlechterungen noch etwas zu steigern, jedoch um den Preis eines erheblichen

Spezifitätsverlustes, d.h. der Inkaufnahme vieler falsch-positiver Prädikationen. Dies scheint besonders für Patienten nach spontanen zerebrovaskulären Ereignissen (Blutung, Infarkt) und Hirntumoroperation zu gelten. Ob speziell bei Patienten nach Schädel-Hirn-Trauma die zusätzliche Berücksichtigung anderer EP-Parameter sinnvoll ist, kann am vorliegenden Material noch nicht sicher beurteilt werden.

Literatur

1. Ackmann JJ, Larson SJ, Sauces A (1979) Non-invasive monitoring techniques in neurosurgical intensive care. J Clin Engeneering 4:329–337
2. Adelt D, Büchner H, Hacke W, Bühl G (1986) Monitoring of brainstem auditory evoked potentials (BEAPs) in the intensive care treatment of craniocerebral traumata. Adv Neurosurg 14:359–363
3. Ahmed J (1980) Brainstem auditory evoked potentials in transtentorial herniation. Clin Electroencephalogr 11:34–37
4. Bertrand O, Garcia-Larrea L, Artru F, Mauguière F, Pernier J (1987) Brainstem monitoring. I. A system for high rate sequential BAEP recording and feature extraction. Electroencephalogr Clin Neurophysiol 68:433–445
5. Dauch WA (1991) Prediction of secondary deterioration in comatous neurosurgical patients by serial recording of multimodality evoked potentials. Acta Neurochir (Wien) 111:84–91
6. Ferbert A, Riffel B, Buchner H, Ullrich A, Stöhr M (1985) Evozierte Potentiale in der neurologischen Intensivmedizin. Eine Standortbestimmung. Aktuel Neurol 12:193–198
7. Fox JE, Williams B (1984) CCT following surgery for cerebral aneurysms. J Neurol Neurosurg Psychiatry 47:873–875
8. Litscher G, Schwarz G, Schalk HV, Pfurtscheller G (1988) Polygraphisches Neuromonitoring nach Medikamentenintoxication. Intensivbehandlung 13:154–158
9. Nagao S, Sunami N, Tsutsui T, Honma Y, Doi A, Nishimoto A (1982) Serial observations of brainstem function by auditory brain stem responses in central transtentorial herniation. Surg Neurol 17:355–356
10. Nagao S, Kuyama H, Houma Y, Momma F, Nishiura T, Suga M, Murota T, Tanimoto T, Kawauchi M, Nishimoto A (1986) Auditory brain stem responses in uncal herniation. In: Miller JD, Teasdale GM, Rowan JO, Galbraith SL, Mendelow AD (eds) Intracranial pressure VI. Springer, Berlin Heidelberg New York Tokyo, pp 331–334
11. Seales DM, Rossiter VS, Weinstein ME (1979) Brainstem auditory evoked responses in patients comatous as a result of blunt head trauma. J Trauma 19:347–353
12. Walser H, Yasargil MG, Curcic M (1982) Auditory brain stem response in patients with posterior fossa tumors. Surg Neurol 18:405–415

19 Zur prognostischen Beurteilung der Sehfunktion mittels Musterelektroretinogramm (M-ERG) und mustervisuell evozierten Potentialen (M-VEP)

R. G. Lorenz, W. I. Steudel, W. Heider und D. Class

Eine der wesentlichen gesundheitlichen Beeinträchtigungen von Patienten mit parasellär oder in der Sella gelegenen Tumoren ergibt sich aus Störungen des visuellen Systems aufgrund direkter oder indirekter Schädigung des N. opticus. Trotz erfolgreicher chirurgischer Intervention erlangen viele dieser Patienten keine reguläre Funktion des visuellen Systems mehr. Diese fortbestehende Störung wird in der Regel durch eine anhaltende Schädigung des N. opticus mit nachfolgender Nervenfaserdegeneration und absteigender Atrophie retinaler Ganglienzellen verursacht.

Ziel unserer Studie ist es, zwischen Patienten, bei denen nach chirurgischer Tumortherapie eine Erholung des visuellen Systems erwartet werden kann, und solchen Patienten, bei denen hiermit nicht gerechnet werden kann, zu unterscheiden und dies aufgrund präoperativer elektrophysiologischer Untersuchungen des visuellen Systems.

Seit einigen Jahren wird zur Untersuchung der Funktion retinaler Ganglienzellen die Registrierung des Elektroretinogramms nach Musterreizung eingesetzt.

Während das Elektroretinogramm (M-ERG) uns Informationen über die Funktion retinaler Ganglienzellen gibt und ein zuverlässiger Indikator der Ganglienzellendysfunktion beispielsweise aufgrund eines Glaukoms oder einer anderweitigen Erkrankung, die zu einer absteigenden Optikusathrophie führt, ist, erfaßt die Ableitung der musterevozierten kortikalen Potentiale (M-VEP) die retinokortikale Überleitung [2, 4, 6–9, 14–20, 22, 23]. Erkrankungen, die zu einer Schädigung von Axonen oder Myelinscheiden im optischen System führten, alternieren dementsprechend das VEP (Tabelle 1).

Patienten und Methodik

In einer kontrollierten prospektiven klinischen Studie untersuchten wir bislang 35 Patienten mit para- und intrasellären Tumoren, wie Meningeomen, Hypophysenadenomen und andere Hypophysentumoren. Es wurden 62 Augen prä- und postoperativ untersucht (Tabelle 2).

Kriterien für den Ausschluß von Patienten waren: eine Trübung im Bereich der optischen Medien, Erkrankungen der Retina, Glaukom, Amblyopie und abgelaufene Sehnervenerkrankungen.

Steudel et al. (Hrsg.)
Evozierte Potentiale im Verlauf
© Springer-Verlag Berlin Heidelberg 1993

Tabelle 1. Physiologische und pathophysiologische Eigenschaften

	Untersuchter Bereich des visuellen Systems	Betroffen bei
M-ERG	Ganglienzellen der Retina; Fovea und parafovealer Bereich der Retina	Absteigender optischer Atrophie, Glaukom
M-VEP	Sehnerv, Sehbahn, visueller Kortex; retinokortikale Verarbeitung, fovealer Bereich der Retina	Alle Erkrankungen mit Schädigung des Axons und des Myelons

Das Musterelektroretinogramm wurde mittels einer in das Unterlid des zu untersuchenden Auges eingebrachten Goldfolienelektrode registriert. Der gleiche Reiz wurde auch zur Registrierung des musterevozierten kortikalen Potentials eingesetzt. Die Patienten wurden aufgefordert, mit einem Auge das Zentrum eines Bildschirms zu fixieren mit einem Schwarz-weiß-Schachbrettmuster (Testfelddurchmesser 14° x 18°, Mustergröße 50 Bogenminuten, Abstand 1,5 m, Musterumkehrfrequenz 4/s, Kontrast 97%, mittlere Lumineszenz von 30 cd/m^2) [1, 3].

Die kortikalen Potentiale wurden mit einer Goldnapfelektrode abgeleitet, die 2 cm oberhalb des Inions gesetzt wurde. Die Potentiale wurden in einen Medelec ER 94 A Averager eingegeben und 64 einzelne ermittelte Durchgänge in einen Computer gespeichert für eine weitere Off-line-Mittellung von 256 Durchgängen pro Antwort.

Unsere Kriterien für die Bewertung eines Antwortpotentials als pathologisch waren:

absolute oder relative Amplitudenreduktion und absolute oder relative Latenzverzögerung verglichen mit unserer Kontrollgruppe (Tabelle 3).

Alle Patienten wurden präoperativ, direkt nach der Operation sowie nach weiteren 1, 3 und 6 Monaten untersucht. Die ophthalmologische Untersuchung schloß die Untersuchung des Visus, computerisierte Perimetrie und Funduskopie ein.

Tabelle 2. M-ERG und M-VEP: Patienten

Diagnosen	Patienten n	Augen n
Meningeome	16	24
Hypophysenadenome	14	28
Andere	5	10
Gesamt	35	62

Tabelle 3. Kriterien für pathologische Befunde

	Amplitude	Latenz
M-ERG	$< \bar{x} - 2{,}5$ SD interokulare Diff.: $> 30\%$	./.
M-VEP	Interokulare Diff.: $> 30\%$	$> \bar{x} + 2{,}5$ SD Interokulare Diff.: $> 10\%$

Ergebnisse

Aufgrund dieser Überlegungen und Kriterien unterschieden wir 3 elektroophthal-mologische Stadien (Tabelle 4) und 3 klinische Stadien (Tabelle 5).

Die elektroophthalmischen Stadien sind:

Stadium 0:   weder auf der Ebene des N. opticus noch auf Ganglienzellenniveau läßt sich eine tumorbedingte Optikusaffektion mittels ERG und VEP erfassen.

Stadium 1:   ein pathologisches VEP zeigt eine gestörte Transmission im N. opticus an, ein normales ERG zeigt eine noch intakte retinale Ganglienzellenfunktion an.

Stadium 2:   ein pathologisches ERG weist zusätzlich zu einem pathologischen VEP darauf hin, daß die tumorbedingte Optikusaffektion bereits eine absteigende Degeneration retinaler Ganglienzellen bewirkt hat.

Wir klassifizierten 24 Augen dem Stadium 0 zu, 18 Augen dem Stadium 1 und 20 Augen dem Stadium 2 (Tabelle 6).

Zwischen den verschiedenen Sellaprozessen bestand hinsichtlich der Häufigkeit der Verteilung in den einzelnen Stadien keine Unterschiede. In Abb. 1 sind die elektroophthalmologischen Ableitungen bei je einem Patienten im Stadium 0, 1 und 2 dargestellt. Bei dem Patienten im Stadium 0 (Abb. 1a) weist das normale M-ERG und M-VEP auf eine ungestörte Übertragung der visuellen Information im optischen System hin. Hierbei handelt es sich um ein Hypophysenadenom. Gleichfalls bestanden bei der klinischen Untersuchung keine Störung hinsichtlich der Sehkraft und des Gesichtsfeldes. Bei dem Patienten im Stadium 1 (Abb. 1b)

Tabelle 4. Elektroophthalmische Stadien

	Mustervisuell Evozierte Potentiale (M-VEP)	Musterelektroretinogramm (M-ERG)
Stadium 0	Normal	Normal
Stadium 1	Pathologisch	Normal
Stadium 2	Pathologisch	Pathologisch

Tabelle 5. Klinische Stadien

	Visus/ Gesichtsfeld	Sehnerven- Papille
Stadium 0	Normal	Normal
Stadium 1	Pathologisch	Normal
Stadium 2	Pathologisch	Pathologisch

Tabelle 6. M-ERG und M-VEP – Relation zwischen klinischem und elektroophthalmologischem Grading

Klinisch	Elektroophthalmologisch		
	Stadium 0	Stadium 1	Stadium 2
Stadium 0	17	1	–
Stadium 1	3	10	5
Stadium 2	4	7	15

handelte es sich um ein 46 Jahre alte Frau mit einem Kraniopharyngeom, deren Sehkraft präoperativ auf das Erkennen von Handbewegungen auf der rechten Seite und Fingerzählen auf dem linken Auge reduziert war. Die präoperative elektroophthalmologische Untersuchung ergab ein praktisch erloschenes VEP als Hinweis auf einen vollständigen Leitungsblock im Bereich der retinokortikalen Übertragung. Retinale Antworten jedoch waren noch normal. Es bestand damit kein Hinweis auf eine deszendierende retinale Ganglienzelldegeneration.

Bei dem Patienten im Stadium 2 (Abb. 1c) handelte es sich um eine 53 Jahre alte Frau mit einem Hypophysenadenom. Präoperativ war die Sehkraft rechts normal, aber deutlich reduziert auf dem linken Auge. Die elektroophthalmologischen Antworten waren rechts normal auf kortikaler und retinaler Ebene. Auf der linken Seite war nicht nur das VEP nicht ableitbar, aber auch das ERG war deutlich vermindert. Diese Kombination weist auf einen tumorbedingten Leitungsblock der Übertragung der visuellen Signale im optischen System mit einer konsekutiven deszendierenden Degeneration der Retinaganglienzellen hin. Das linke Auge wurde als Stadium 2 klassifiziert.

Die postoperative Erholung der Sehfunktion bei den beiden Patienten im Stadium 1 und 2 ist in Abb. 2 dargestellt. Die postoperative Verlaufskontrolle bei dem Patienten (Abb. 1b) mit dem Stadium 1 (normales M-ERG, pathologisches M-VEP) zeigte eine deutliche Erholung der Sehkraft auf 0,9 und 1,0 drei Monate nach der operativen Entfernung des Tumors, einhergehend mit einer völligen Normalisierung vom M-VEP. Im Gegensatz hierzu zeigen die postoperativen Verlaufsuntersuchungen bei dem Patienten mit einer Schädigung im Bereich des linken Auges im Stadium 2 (pathologisches M-ERG und pathologisches M-VEP)

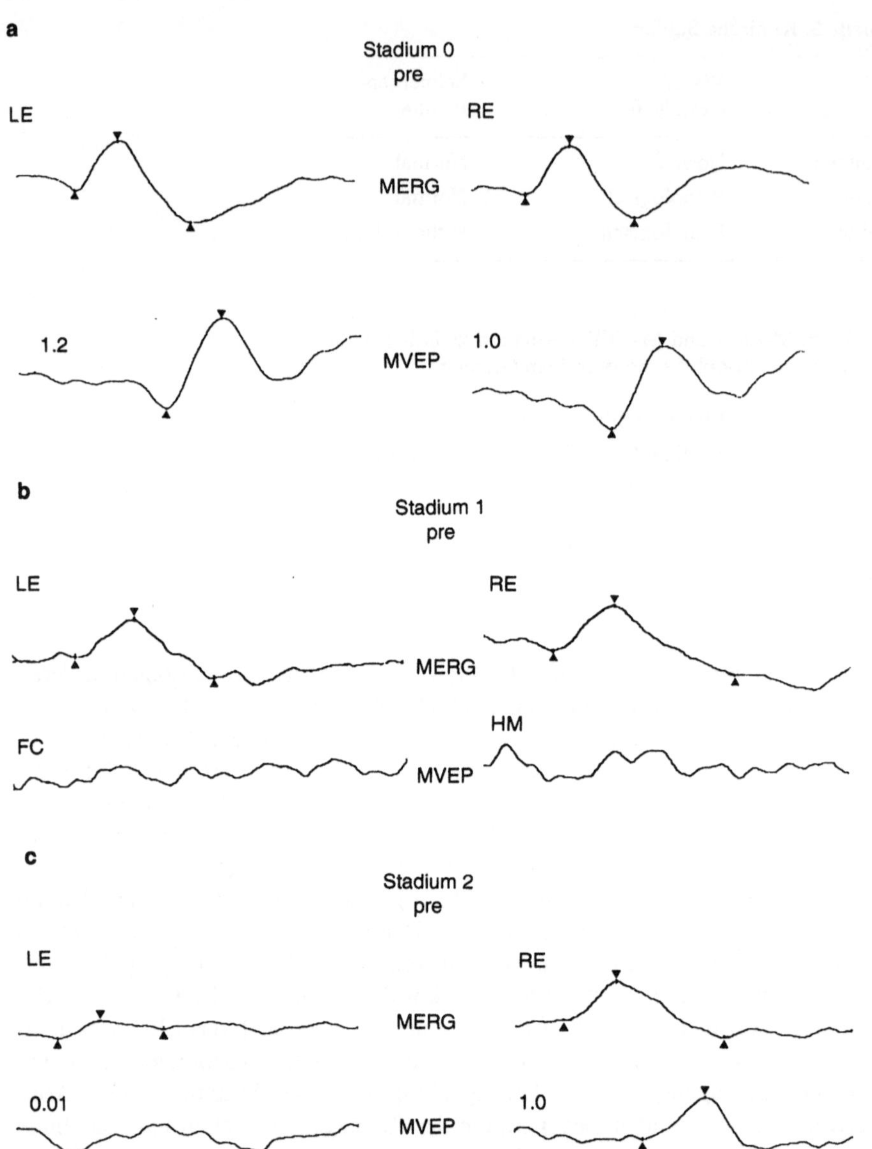

Abb. 1 a–c. Gleichzeitige Ableitung von M-ERG und M-VEP und der entsprechende Visus bei 3 Patienten (6 Augen) mit Tumoren der Sellaregion präoperativ. Die kleinen Dreiecke zeigen die Hauptkomponenten des M-ERG und M-VEP an. Patient A (**a**): normales M-ERG und normales M-VEP auf beiden Seiten (Stadium 0). Patient B (**b**): normales M-ERG, pathologisches M-VEP auf beiden Seiten (Stadium 1). Patient C (**c**): pathologische M-ERG und pathologisches M-VEP auf der linken Seite (Stadium 2)

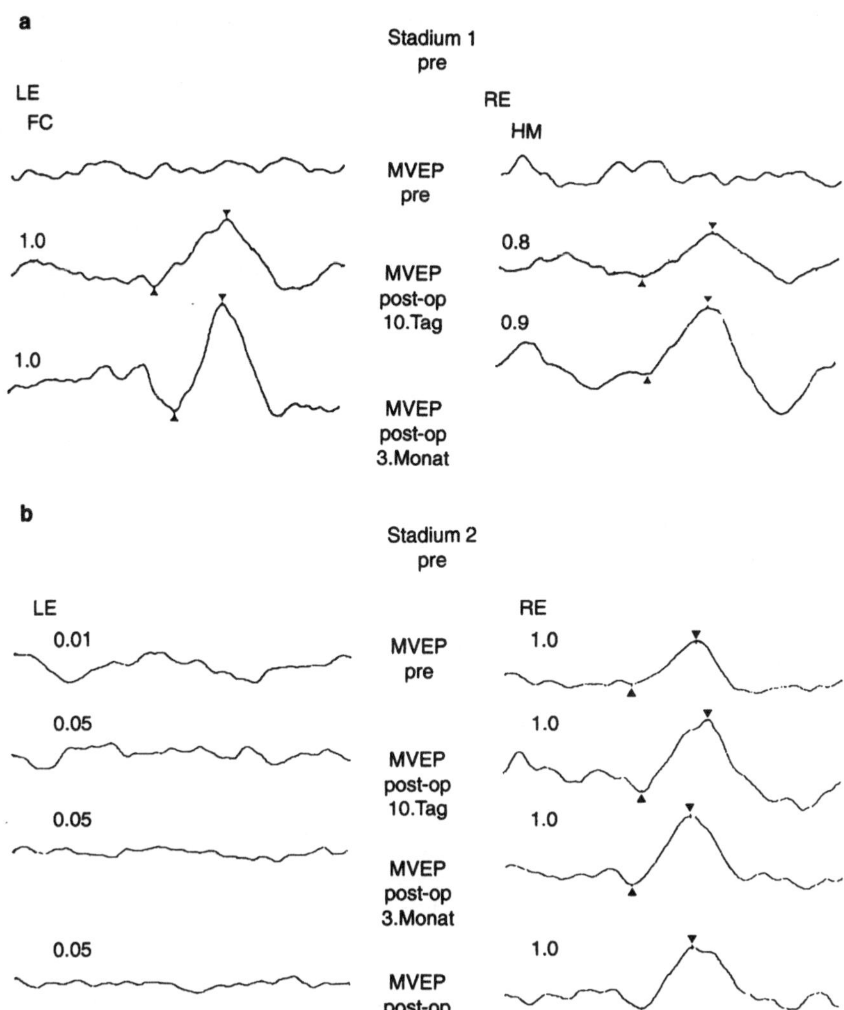

Abb. 2 a, b. Prä- und postoperative Ableitungen vom M-VEP und der entsprechende Visus bei 2 Patienten mit Tumoren der Sellaregion. Die *kleinen Dreiecke* zeigen auf die Hauptkomponenten des M-VEP hin. Beide Augen von Patient A (**a**) klassifiziert Stadium 1 (s. Abb. 1b), zeigt eine deutliche Erholung der Sehkraft zusammen mit einer Normalisierung des M-VEP postoperativ. Das linke Auge des Patienten B (**b**) klassifiziert in Stadium 2 (s. Abb. 1c), zeigt keine Verbesserung der Sehkraft und das M-VEP bleibt weiterhin nicht ableitbar

selbst 10 Monate nach der vollständigen Resektion des Tumors keine Besserung
der Sehkraft. Das M-VEP blieb weiterhin nicht ableitbar.

Diskussion

Gestörte VEP aufgrund von Musterreizen oder Blitzlichtreizen sind bekannte diagnostische Hinweise auf Erkrankungen, die das postretinale optische System betreffen. Diese Untersuchung wird deshalb ausgiebig genutzt, um die klinische
Diagnose, von demyelinisierenden Erkrankungen abzusichern [9]. Untersuchungen über Schädigungen des optischen Systems aufgrund von Tumoren und ihre
Auswirkungen auf das VEP sind weniger häufig [11]. Während eine verzögerte
VEP im allgemeinen die Diagnose einer demyelinisierenden Erkrankung unterstützt [10] sind die VEP-Veränderungen bei tumorbedingten Veränderungen im
Bereich der Sehbahn weniger einheitlich, entweder wird eine Verzögerung oder
eine Reduktion der Potentiale oder eine Kombination von beiden angegeben [18].
    Zahlreiche Studien haben nun gezeigt, daß das M-ERG selektiv bei Erkrankungen der Ganglienzellen der Retina betroffen ist, während das konventionelle
ERG noch unbeeinträchtigt bleibt [5].
    Unsere Untersuchungen zeigen, daß Patienten selbst bei einer erheblichen Beeinträchtigung des VEP noch eine normale Sehkraft nach erfolgreicher Tumorentfernung erreichen können. Deshalb besteht die Rolle des VEP in der Diagnose von
tumorbedingten Sehstörungen hauptsächlich darin, den präoperativen Zustand
hinsichtlich der Übertragung des retinokortikalen Signals zu untersuchen.
    Im Gegensatz zum VEP zeigt das Muster-ERG Veränderungen ausschließlich
dann, wenn eine deszendierende Ganglienzelldegeneration stattgefunden hat, die
auf eine irreversible Schädigung hinweist. Jedoch ist es von einem großen Nachteil, daß die deszendierende Ganglienzelldegeneration beim Menschen Monate
braucht, bis sie abgeschlossen ist [12]. Wir können damit noch ein völlig normales
M-ERG präoperativ ableiten, obwohl eine deszendierende Degeneration schon begonnen hat. Deshalb ist es bei weiteren Studien wichtig, daß die Ganglienzellfunktion über eine längere Zeitspanne untersucht wird, um eine definitive Prognose der Erholungsfähigkeit des visuellen Systems darzustellen.
    Nach den Ergebnissen unserer Studien sind simultan registrierte Muster-ERG
und Muster-VEP eine sinnvolle und objektive Methode zur Einschätzung des Grades einer Beeinträchtigung des visuellen Systems aufgrund parasellärer und intrasellärer Tumoren.
    Unser elektroophthalmologisches Klassifizierungssystem aufgrund der präoperativen Analyse von Muster-ERG und Muster-VEP scheint ein wertvolles Hilfsmittel für die prognostische Beurteilung der postoperativen Erholungsmöglichkeiten des visuellen Systems zu sein. Insbesondere ist die Unterscheidung zwischen Patienten des Stadiums 1 mit guter Prognose von Patienten des Stadiums 2
mit ungünstiger Prognose hierbei von Wichtigkeit.

Literatur

1. Arden GB, Carter RM, Hogg C, Siegel JM, Margolis S (1979) A gold-foil electrode extending the horizons for clinical electroretinography. Invest Ophthalmol Vis Sci 18:421–426
2. Armington JC (1974) The electroretinogram. Academic Press, New York
3. Berninger T, Schuurmans RP (1985) Spatial tuning of the pattern ERG across temporal frequency. Doc Ophthalmol Proc Ser 61:17–25
4. Dawson W, Maida T, Rubin R (1982) Human pattern evoked retinal responses are altered by optic atrophy. Invest Ophthalmol Vis Sci 22:796–803
5. Dodt E (1987) The electrical responses of the human eye to patterned stimuli: clinical observations. Doc Ophthalmol Proc Ser 65:271–286
6. Granit R (1962) The visual pathway. In: Davson M (ed) The eye Academic Press, New York
7. Granit R (1963) Sensory mechanisms of the retina. Hafner, New York
8. Groneberg A (1980) A Simultaneously recorded retinal and cortical potentials elicited by checkerboard stimuli. Doc Ophthalmol Proc Ser 23:255–262
9. Groneberg A, Teping C (1980) Topodiagnostik von Sehstörungen durch Ableitung retinaler und kortikaler Antworten auf Umkehr-Kontrastmuster. Dtsch Ophthalmol Ges 77:409–415
10. Halliday AM, Mc Donald WI, Mushin J (1972) Delayed visual evoked responses in optic neuritis. Lancet I:892–985
11. Halliday AM, Mc Donald WI, Mushin J (1973) Visual evoked response in diagnosis of mutiple sclerosis. Br Med J IV:661–664
12. Holder GE (1978) The effects of chiasmal compression on the pattern visual evoked potential. Electroencephalogy Clin Neurophysiol 45:278–280
13. Kupfer C (1963) Retinal ganglion cell degeneration following chiasmal lesions in man. Arch Ophthalmol 70:256–260
14. Lorenz R, Dodt E (1987) Pattern ERG latencies as a clinical means of discriminating retinal from optic nerve disease. ISCEV Abstracts of the 25th Symposium P2
15. Lorenz R, Niepel G, Heider W (1988) Amplituden- und Latenzänderungen im Muster-Elektroretinogramm (M-ERG) bei Netzhaut- und Sehnerverkrankungen. Fortschr Ophthalmol 85:296–300
16. Maffei L, Fiorentini A (1981) Electroretinographic responses to alternating gratings before and after section of the optic nerve. Science 211:953–955
17. Pabst N, Bopp M, Schnaudigel OE (1984) The pattern evoked electroretinogram associated with elevated intraocular pressure. Graefes Arch Clin Exp Ophthalmol 222:34–37
18. Riggs LA, Johnson EP, Schick AML (1964) Electrical responses of the human eye to moving stimulus pattern. Science 144:567
19. Seiple W, Price IM, Kupersmith N, Siegel IM, Carr RE (1983) The pattern electroretinogram in optic nerve disease. Ophthalmology 90:1127–1132
20. Teping C (1981) Visusbestimmung mit Hilfe des visuell evozierten kortikalen Potentials. Klin Monatsbl Augenheilkd 179:169
21. van Lith GHM (1980) Application of electroophthalmology. In: Michaelson LC (ed) Textbook of the fundus of the eye. Churchill Livingstone, New York, p 667
22. Wanger P, Persson HE (1983) Pattern-reversal electroretinograms in unilateral glaucoma. Invest Ophthalmol Vis Sci 24:749–753
23. Zrenner E, Baker CL, Hess RF, Olsen BT (1986) Current source density analysis of linear and non-linear components of the primate electroretinogram. Suppl to Invest Ophthalmol Vis Sci 242:82

20 Somatosensorisch evozierte Potentiale nach Schädel-Hirn-Trauma: Vergleich mit TCD, Hirndruck und klinischem Verlauf

M. Lorenz, G. Dorfmüller, W.-P. Sollmann und M. R. Gaab

Einleitung

In Krankengut unserer Klinik stellen Straßenverkehrsunfälle und alkoholmitbedingte Sturzverletzungen die Hauptursachen zur Klinikeinweisung schwer schädelhirnverletzter Patienten. Nach der primären Diagnostik mit operativer Versorgung akut bedrohlicher intrakranieller Raumforderungen beginnt die zweite Phase der posttraumatischen Behandlung. Hierbei muß versucht werden, die sekundäre Hirnschädigung so gering wir möglich zu halten. Dieses erfordert ein möglichst flexibles und schnell reagierendes Wechselspiel therapeutischer Maßnahmen in Anpassung an die pathologisch veränderten intrakraniellen Verhältnisse. Bei einer eingreifenden Basistherapie mit Sedierung und kontrollierter Beatmung wird die Behandlung um so suffizienter sein, je mehr Information über die aktuellen zerebralen Funktionsstörungen verfügbar ist. Neben dem Hirndruckmonitoring können evozierte Potentiale und die transkranielle Dopplersonographie die Möglichkeit eröffnen, die aktuelle Therapie und die weitere Behandlungsplanung den Erfordernissen anzupassen.

Patienten und Methode

Es werden die Daten von 101 Patienten mit schwerem bis schwerstem Schädel-Hirn-Trauma vorgestellt, die im Untersuchungszeitraum über mehrere Tage einen Glasgow Coma Score (GCS) < 9 hatten (72 Männer, 29 Frauen, 7–77 Jahre, $\bar{x}$ = 24,9 Jahre). Alle Patienten wurden mit somatosensorisch medianus- oder ulnarisevozierten Potentialen (SEP) über dem Halsmark und dem reizkontralateralen Kortex untersucht (8,7 Hz, 100 us, Bandpaß 1–300 Hz). Bei 56 Patienten bestand zeitweise ein Hirndruckmonitoring (ICP) (Gaeltec). 37 Patienten wurden zusätzlich mit der transkraniellen Dopplersonographie (TCD) untersucht. Die Diagnosen waren überwiegend kombinierte Hirnverletzungen mit schweren Kontusionen und häufig assoziierten akuten Subduralhämatomen. Lediglich bei 9 Patienten fand sich ein isoliertes epidurales Hämatom, bei 12 Patienten fand sich überwiegend eine generalisierte Schwellung und bei 3 Patienten konnte trotz tiefen Komas kein wesentlicher pathologischer Befund im CT dokumentiert werden. Aufgrund der Vorselektion der Patienten zeigte der nach der Glasgow Outcome Scale (GOS) beurteilte Verlauf vermehrt ungünstige Ergebnisse: 10 Patienten waren nach 6 Mo-

Steudel et al. (Hrsg.)
Evozierte Potentiale im Verlauf
© Springer-Verlag Berlin Heidelberg 1993

naten wieder im alten Beruf tätig (GOS 1), 27 Patienten leicht behindert (GOS 2), 20 Patienten deutlich behindert (GOS 3), und 32 Patienten waren verstorben oder im vegetativen Stadium (GOS 4 und 5). 12 Patienten waren noch innerhalb des Beobachtungszeitraums oder wurden aus dem Follow-up verloren. Nicht berücksichtigt wurden Patienten, die zur Hirntoddiagnostik zuverlegt wurden oder aus nichtzerebraler Ursache verstarben.

Ergebnisse

Somatosensorisch evozierte Potentiale

Die Abteilung von SEP mit Nacken- und kortikalem Reizantwortpotential (RAP) bot auf der Intensivstation keine nennenswerten Schwierigkeiten. Die Abteilung eines reproduzierbaren Signals gelang zu 89% (N14) bzw. 98% (N20), so daß in fast allen Fällen eine zentrale Überleitungszeit (CSCT) errechnet und zur Auswertung herangezogen werden konnte. Die CSCT zeigte dabei eine ausgezeichnete und rechnerisch signifikante Korrelation zum klinisch beurteilten Komascore, wobei bei einigen Patienten aufgrund sehr tiefer Sedierung auf eine Skalierung verzichtet werden mußte. Mit zunehmender Komatiefe kam es zu einer durchschnittlichen Zunahme der CSCT ($p < 0,001$). Ebenfalls zeigte sich eine hohe rechnerische Signifikanz im Vergleich des Outcomescores mit der CSCT (H-Test $p < 0,001$, $H = 36,16$). Bei Mehrfachmessungen an verschiedenen Patienten zeigten sich z.T. deutliche Veränderungen der CSCT, die sich parallel zur Klinik bewegten. Bei einigen Patienten konnte vor, während und nach der Therapie einer pathologischen ICP-Welle bis zu 60 mmHg abgeleitet werden. Dabei zeigte sich in keinem Fall eine wesentliche Änderung des RAP in Latenz oder Amplitude. Einzeluntersuchungen bei einem Hirndruck über 20 mmHg ergaben eine nur schwache Korrelation von ICP und CSCT (Korrelationskoeffizient $r = 0,272$),

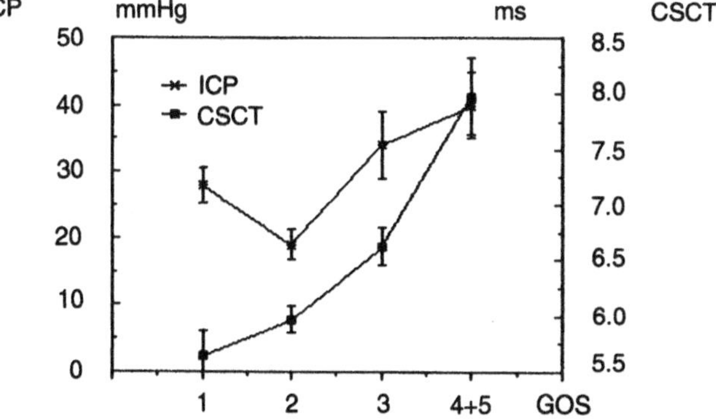

Abb. 1. Vergleich von zerebraler somatosensorischer Überleitungszeit (CSCT) und ICP zu diesem Zeitpunkt mit dem Outcome (GOS) nach 6 Monaten: Mittelwerte und Standarderror. Je schlechter das Outcome, desto länger war die CSCT und der ICP erhöht ($p < 0,001$)

wobei die Patienten mit erloschenem RAP und deutlich erhöhtem ICP nicht
miterfaßt werden. Bei Vergleich der CSCT mit dem zerebralen Perfusionsdruck
errechnete sich ein nicht signifikanter Zusammenhang (r = 0,054). Nach
beidseitigem Erlöschen der RAP (8 Patienten) verstarben alle Patienten bis auf
drei, die jedoch als schwerstbehindert mit nur restlichem Kontaktvermögen (2
Patienten) oder apallisch überlebten (1 Patient).

Hirndruckmonitoring

Die bekannt gute Korrelation des ICP mit dem klinischen Zustand und dem Outcome soll hier weniger beachtet werden. Die prognostische Aussagekraft wird
eher gestützt durch die Detektion pathologischer Wellen und den zeitlichen Verlauf als durch Einzelwerte zur Ableitezeit von SEP und TCD. Trotzdem zeigte
sich auch hier eine gute Signifikanz zum Komascore und Outcome (H-Test
p < 0,001, H = 16,85).

Transkranielle Dopplersonographie

Bei Vergleich der Flußwerte aus der A. cerebri media (MCA) und cerebri anterior
ergab sich ein fast linearer Zusammenhang, insbesondere für den Pulsatilitätsindex (PI) (r = 0,763), so daß für die weitere Auswertung ausschließlich die sicherer
ableitbare MCA berücksichtigt wird. Keine Korrelation herrschte zwischen den
TCD-Werten und der CSCT, dem Komascore und dem Outcome. Während bei
Verlaufsableitungen während einer Hirndruckphase reproduzierbare Veränderungen auftraten (Steigerung der systolischen Flowgeschwindigkeit und des PI mit
Verlangsamung des diastolischen Flows bei zunehmendem Hirndruck) so fanden
sich bei Vergleichsuntersuchung über mehrere Patienten keine signifikant gleich-
laufenden Veränderungen. Allenfalls der PI deutete rechnerisch auf einen schwa-
chen Zusammenhang hin (r = 0,272).

Diskussion

Somatosensorisch evozierte Potentiale

Die bereits mehrfach in der Literatur belegte, gute Korrelation zwischen den SEP
und dem klinischen Status bzw. Outcome [1, 6–8, 11, 13] konnte auch bei unseren
Patienten gesehen werden: Bei primär guten, oder sich schnell erholenden Potentialen konnte ein gutes Outcome (GOS 1 oder 2) mit 78% Wahrscheinlichkeit vorausgesagt werden. Bei verlängerter CSCT oder bei Verlust der kortikalen Reizantwort kam es 60% zu einem apallischen Syndrom oder zum Tode des Patienten
und weiteren 27% zu einer schweren Behinderung (GOS 3). Für die Auswertung
der SEP hat sich die zentrale Überleitungszeit (CSCT) als am meisten reliables

Kriterium herausgestellt [1, 6–8, 11]. Bei grenzwertigen Befunden kann der Quotient aus kortikaler Reizantwort zum Nackenpotential weitere Information liefern [8, 11]. Deutliche Seitenunterschiede lassen häufig auf eine später funktionell wirksame Halbseitensymptomatik schließen. Ein Potentialverlust wird in der Regel nicht überlebt, ist jedoch nicht in jedem Fall ein infaustes Zeichen [11] und sollte im Zweifelsfall durch die Ableitung von akustisch evozierten Potentialen ergänzt werden. Um sekundäre Verschlechterungen oder Verbesserungen aufzudecken, erhöhen wiederholte Messungen den Wert der Untersuchungen [1, 7].

Intrakranieller Druck

Bei schweren Verläufen und dem klinischen oder radiologischen Hinweis auf hochpathologische Hirndrücke wurde die Indikation zum ICP-Monitoring [3] gestellt, um Plateauwellen möglichst frühzeitig therapieren zu können. So konnten Hirndruckspitzen bei pflegerischen Maßnahmen durch eine individuell angepaßte Sedativaverabreichung abgefangen werden, die Osmo- und Respiratortherapie optimiert und bei Patienten mit sekundär entgleisendem Hirndruck die Indikation zur Entlastungsdekompression mit gutem therapeutischen Erfolg beurteilt werden [4].

Transkranielle Dopplersonographie

Eine vermehrte Flußgeschwindigkeit mit erhöhtem PI und niedrigem enddiastolischen Flow tritt erst bei sehr hohen ICP-Werten auf. Bei den anderen Patienten mit SHT werden die Meßergebnisse im wesentlichen von der Respiratoreinstellung beeinflußt [12]: Bei Hyperventilation nimmt der PI zu, der v_{mean} und v_{diast} können erheblich abnehmen. Zu einer Flußbeschleunigung können jedoch neben Hyperfusionszuständen auch Gefäßspasmen mit verminderter Perfusion führen [9]. In angiographischen und Xenon-rCBF-Studien ergaben sich Hinweise auf die Möglichkeit beider Mechanismen nach schwerem Schädel-Hirn-Trauma [2, 5]. Bei enttäuschender Korrelation der TCD-Werte mit dem klinischen Zustand und Verlauf bei unseren Patienten könnte sich der Wert dieser Methode in der Diagnostik veränderter cerebraler Blutflußverhältnisse zeigen. Bei deutlich pathologischem erhöhtem ICP wurde ein erhöhter Pulsindex beschrieben [10], der bei unseren Patienten nur inkonstant vorlag. Gegebenenfalls können die Meßdaten zur Differenzierung eines Low-flow-, bzw. High-flow-Zustandes beitragen [12]. Eine eingeschränkte CO_2-Reaktivität gibt Hinweise auf die Gefäßautoregulationsfähigkeit des verletzten Gehirnes [9].

Vergleich der Methoden

Eine Korrelation von SEP und TCD zeigte sich nicht. Während in tierexperimentellen Modellen und bei stark erniedrigtem cerebralen Perfusionsdruck eine deutliche Abhängigkeit der SEP und des TCD vom Hirndruck nachgewiesen werden konnte [9, 14], fand sich bei unseren Patienten eine nur sehr lockere Korrelation. Als mögliche Ursachen sind anzuführen: 1. Der tolerierbare Hirndruck liegt im Tierexperiment erheblich höher als auf einer Intensivstation, so daß kaum Meßwerte in dem hochpathologischen Bereich vorliegen, in dem die wesentlichen Veränderungen gefunden wurden. 2. Die CSCT und die Blutflußgeschwindigkeiten werden zusätzlich durch strukturelle bzw. metabolische (postkontusionelle) Veränderungen beeinflußt, da z.T. erhebliche Seitendifferenzen auftreten. 3. Bei unterschiedlicher Hirndrucktoleranz bestehen offensichtlich Unterschiede zwischen Patienten mit kurzfristigen Hirndruckphasen und denen mit prolongiert eleviertem ICP. 4. Die zerebrale Funktionsstörung ist meist ausgeprägter als die Zirkulationsstörung.

Ein Hauptbestandteil der Diagnostik schwer hirntraumatisierter Patienten bleibt die klinischen Untersuchung und die Computertomographie. Da die einzelnen apparativen Untersuchungsverfahren unterschiedliche Meßsubstrate morphologischer und funktioneller Natur haben, können sie sich einander nicht ersetzen. Insbesondere ist ein direkter Schluß von TCD auf den ICP nicht möglich. Bei speziellen Fragestellungen ergeben sich aus der Kombination jedoch zusätzliche Hinweise, die ein Abschätzen der Prognose erlauben und die Therapie optimieren helfen.

Literatur

1. Cant BR, Hume AL, Judson JH, Shaw NA (1986) The assessment of severe head injury by short-latency somatosensory and brainstem auditory evoked potentials. Electroencephalogr Clin Neurophysiol 65:188–195
2. Enevoldsen EM, Cold G, Jensen FT, Malmros R (1976) Dynamic changes in regional CBF, intraventricular pressure, CSF pH and lactate levels during the acute phase of head injury. J Neurosurg 44:191–214
3. Gaab MR, Heissler HE (1988) Monitoring intracranial pressure. Encyclopedia of medical devices and instrumentation Vol. 3 Wiley & Sons, New York Chicester Brisbane
4. Gaab MR, Rittierodt M, Lorenz M, Heissler HE (1990) Traumatic brain swelling and operative decompression: a prospektive investigation. Acta Neurochir [Suppl] 51:326–328
5. Gomez CR, Baker RJ, Bucholz RD (1991) Transcranial doppler ultrasound following closed head injury: vasospasm or vasoparalysis? Surg Neurol 35:30–35
6. Hume AL, Cant BR (1981) Central somatosensory conduction after head injury. Ann Neurol 10:411–419
7. Lindsay K, Pasaoglu A, Hirst D, Allardyce G, Kennedy I, Teasdale G (1990) Somatosensory and auditory brain stem conduction after head injury: a comparison with clinical features in prediction of outcome. Neurosurgery 26:278–285
8. Lorenz M, Gaab MR (1988) Neurophysiological investigations and ICP monitoring: an aid in the therapy of head injury. Adv Neurosurg 16:100–104
9. Lundar T, Lindegaard K-F, Nornes H (1989) Continuous monitoring of middle cerebral arterial blood velocity and cerebral perfusion pressure. In: Hoff JT, Betz AL (eds) Intracranial pressure VII. Springer, Berlin Heidelberg New York Tokyo pp 101–105

10. Nakatani S, Ozaki K, Hara K, Mogami H (1989) Simultaneous monitoring of ICP and transcranial doppler sonogram on the middle cerebral artery. In: Hoff JT, Betz AL (eds) Intracranial pressure VII. Springer, Berlin Heidelberg New York Tokyo pp 113–115
11. Rumpl E, Prugger M, Gerstenbrand F, Hackl JM, Pallua A (1983) Central somatosensory conduction time and short latency somatosensory evoked potentials in post-traumatic coma. Electroencephalogr Clin Neurophysiol 56:583–596
12. Saunders FW, Cledgett P (1988) Intracranial bood velocity in head injury. A transcranial ultrasound doppler study. Surg Neurol 29:401–409
13. Stone JL, Ghaly RF, Hughes JR (1988) Evoked potentials in head injury and states of increased intracranial pressure. J Clin Neurophysiol 5:135–160
14. Witzmann A (1990) Changes of somatosensory evoked potentials with increase of intracranial pressure in the rat's brain. Electroencephalogr Clin Neurophysiol 77:59–67

21 Zum prognostischen Wert akustisch und sensibel evozierter Potentiale bei schwerem Schädel-Hirn-Trauma im Kindesalter

U. Neirich, J. Seeger und G. Jacobi

Einleitung

Die moderne Intensivtherapie bei Schädel-Hirn-Trauma (SHT) schließt die Anwendung von Hyperventilation, hochdosierter Barbituratgabe, tiefer Sedierung und Muskelrelaxation ein. Die klinische Beurteilung der Patienten und die prognostische Aussage wird dadurch erschwert und unsicher. Unter diesen Bedingungen stellt die auch durch hohe Dosen sedierender Medikamente nahezu nicht beeinflußbare Ableitung der frühen akustisch und sensibel evozierten Potentiale (AEP. SEP) eine nichtinvasive Methode zur Abschätzung des Schweregrades und evtl. auch der Ausdehnung der Verletzung dar.

Patienten und Methoden

In den Jahren 1982–90 wurden am Zentrum der Kinderheilkunde Frankfurt/M. 86 Patienten nach schwerem SHT behandelt. Das Alter der Patienten lag zwischen 1 Monat und 15 Jahren, 9 Monaten, im Mittel bei 6 Jahren, 11 Monaten. Der Initialwert im modifizierten Glasgow Koma Scale betrug 4–12 Punkte, im Mittel 7 Punkte, wobei ein Maximum von 19 Punkten bei 4 Beurteilungskriterien erreichbar war. Die Kinder wurden nach den Richtlinien der Hirnödemprophylaxe mit Hyperventilation, hochdosierter Barbiturattherapie und Dexamethason behandelt. In der Mehrzahl wurde der intrakranielle Druck über einen epiduralen Druckaufnehmer gemessen. Innerhalb von 48 h nach dem Trauma wurden bei 82 Kindern AEP und bei 29 Kindern SEP abgeleitet. Die neurologischen Folgeerscheinungen wurden nach dem modifizierten Glasgow Outcome Scale klassifiziert. Dabei lag der Beobachtungszeitraum bei dem Gesamtkollektiv zwischen 2 Monaten und 6 Jahren, 10 Monaten, bei den Kindern mit gravierenden Folgeerscheinungen zwischen 8 Monaten und 5 Jahren, 6 Monaten.

Ergebnisse

Das neurologische Outcome der Kinder läßt sich wie folgt klassifizieren: 22 Kinder erholten sich völlig (FR, „full recovery"), 22 zeigten Folgeerscheinungen ohne Behinderung (S, „sequelae"), 10 überlebten mäßiggradig (MD, „moderately dis-

Steudel et al. (Hrsg.)
Evozierte Potentiale im Verlauf
© Springer-Verlag Berlin Heidelberg 1993

Tabelle 1. Initiale AEP und neurologisches Outcome

Outcome	Patienten	Normale IPL	Verzögerte IPL			Amplitudenverhältnis V/I		Verlust der W III–V	
			nur i–III	auch III–V	> 1	< 1 ein Ohr	beide Ohren	ein Ohr	beide Ohren
FR	22	16	4	2	19	3			
S	20	12	6	1	15	5		1	
MD	9	4	3	2	6	3			
SD	11	5	2	4	7	4			
V	1			1			1		
D	19			8	3	3	3	1	10
	82								

abled"), 12 schwer (SD, „severe disabled") behindert. 1 Patient blieb im vegetativen Zustand (V, „vegetative"), 19 Patienten starben innerhalb von 2 Monaten (D, „death").

Der Outcome wurde mit den akustisch evozierten Potentialen (AEP) unter folgenden Parametern korreliert (Tabelle 1):

- den Interpeaklatenzen (IPL), und zwar differenziert in Verzögerung der präpontinen Leitzeit I–III und solche der pontinen Leitzeit III–V;
- dem Amplitudenverhältnis V/I;
- dem Verlust der Komponenten III–V.

Normale IPL waren in den meisten Fällen mit einem guten therapeutischen Ergebnis verknüpft, schlossen jedoch schwere Folgeerscheinungen nicht aus. Verzögerte IPL bedeuteten dann eine schlechte Prognose, wenn die pontine Leitzeit betroffen war. Bei Erniedrigung des Amplitudenverhältnisses V/I beidseits war die Prognose schlecht. Bei beidseitigem Komponentenverlust III–V verstarben alle betroffenen Patienten.

Die Bewertung der SEP berücksichtigte folgende Parameter (Tabelle 2):

- die zervikokortikale Überleitungszeit (CSCT, „central conduction time");
- das kortikozervikale Amplitudenverhältnis;
- den Verlust des frühen kortikalen Potentials.

Normale Werte für die CSCT und für das Amplitudenverhältnis wiesen auf eine gute Prognose hin, Verzögerungen ließen jedoch nicht notwendigerweise einen schlechten Ausgang prognostizieren. Der Verlust des kortikalen Potentials bedeutet eine schlechte Prognose, jedoch nicht unbedingt den Tod oder vegetativen Zustand des Kindes, auch wenn beide Seiten betroffen waren.

Bei 2 der schwer geschädigt überlebenden Kinder erschienen die verlorengegangenen Potentiale wieder, latenzverzögert und amplitudengemindert (Tabelle 3). Bei 2 mäßiggradig behinderten Kindern fanden sich kortikale Potentiale nach

Tabelle 2. Initiale SEP und neurologisches Outcome

Out come	Patienten	Zervikokortikale IPL		Kortikozervikales Amplitudenverhältnis		Verlust von kortikalen Potentialen	
		normal	verzögert	> 0,6	< 0,6	eine Seite	beide Seiten
FR	9	6	3	7	2		
S	9	3	6	4	5		
MD	4		4	1	3	2	
SD	5		2		2		3
V	0						
D	2						2
	29						

Tabelle 3. Wiedererscheinen verlorengegangener kortikaler Potentiale

Patient	Alter	Outcome	SEP		Initiale AEP
Y.N.	3 6/12	S D	5. Woche:	verzögert, < 0,6	verzögert IPL III–V
B.P.	14 1/12	S D	14. Tag:	verzögert, < 0,6	verzögert IPL I–III
D.S.	14 9/12	S D	3 Monate:	keine Potentiale	V/I < 1
G.A.	4 1/12	M D	3 Monate:	normal	verzögerte IPL I–III
N.D.	8	M D	4. Tag:	< 0,6	normal
K.M.	9	D			keine Wellen III–V
N.S.	6 7/12	D			keine Wellen III–V

einseitigem Verlust wieder. Beide verstorbenen Kinder zeigten in den SEP einen völligen doppelseitigen Komponentenverlust und in den AEP den Verlust der Wellen III–V.

Diskussion

Die vorliegenden Ergebnisse zeigen, daß die frühestmögliche und wiederholte Ableitung akustisch und sensibel evozierter Potentiale eine Aussage zur Prognose bei pädiatrischen Schädel-Hirn-Trauma- (SHT-) Patienten ermöglicht.

Frühe AEP lassen Aussagen über die Funktion des Hirnstamms und damit über die Prognose des Überlebens zu, SEP bieten Hinweise auf die kortikalen Funktionen und damit für die Qualität des Überlebens. Dabei erscheint der Verlust der Wellen III–V in den AEP als der aussagefähigste Parameter. Fehlen auch die Wellen I und II muß eine vorbestehende Taubheit ausgeschlossen werden.

Der Verlust des kortikalen Potentials in den SEP muß nicht den Tod oder vegetativen Zustand des Kindes bedeuten, resultiert aber in schwerer Schädigung. Studien bei Erwachsenen werten verlorengegangene SEP als eindeutigen Hinweis auf den späteren Tod des Patienten. Diese Aussage trifft auf Kinder nicht zu, möglicherweise wegen eines schnelleren Auftretens dann reversibler Beeinträchtigungen im Sinne eines Hirnödems.

Ein Aussage zur Prognose aufgrund von EP-Ergebnissen muß dabei selbstverständlich die klinischen und neuroradiologischen Befunde einbeziehen.

Literatur

Firsching R, Frohwein R (1990) Multimodality evoked potentials and early prognosis in comatose patients. Neurosurg Rev 13:141–146

Küttner K, Bauer F, Knüpper P (1990) Zum diagnostischen Stellenwert des frühen akustisch evozierten Potentials beim akuten Schädel-Hirn-Trauma im Kindesalter. Kinderärztl Prax 58:37–43

Lütschg J, Pfenninger J, Ludin H, Vassella F (1983) Brainstem auditory evoked potentials and early somatosensory evoked potentials in neurointensively treated comatose children. Am J Dis Child 137:421–426

De Meirleir L, Taylor M (1987) Prognostic utility of SEPs in comatose children. Ped Neurol 3:78–82

Riffel B, Stöhr M, Graser W, Trost E, Baumgärtner H (1989) Frühzeitige Prognose beim schweren Schädel-Hirn-Trauma mittels Glasgow-coma-score und evozierter Potentiale. Anaesthesist 38:51–58

Whittle I, Johnston I, Besser M (1987) Short latency somato-sensory-evoked potentials in children – part 3. Surg Neurol 27:29–36

Zerebrovaskuläre Erkrankungen

22 SEP-Monitoring und transkranielle Dopplersonographie nach Subarachnoidalblutung

R. Laumer, F. Gönner, J. Romstöck, R. Steinmeier,
B. Hinkelmann und R. Fahlbusch

Die transkranielle Dopplersonographie (TCD) wird seit etwa 8 Jahren routinemäßig zur Verlaufskontrolle des Vasospasmus nach Subarachnoidalblutung (SAB) eingesetzt. Ein hoher Anteil an falsch-positiven bzw. falsch-negativen Ergebnissen sowie ein nicht exakt definierbarer pathologischer Bereich führten allerdings zu einer erheblichen Einschränkung der Aussagekraft, vor allem im Hinblick auf die Vorhersage möglicher Defizite [3, 4, 6].

Das SEP-Monitoring hat sich intraoperativ beim temporären Clippen bewährt und wird von vielen Zentren routinemäßig angewendet. Der Einsatz dieser Technik im perioperativen Bereich wird widersprüchlich beschrieben [1–3, 5]. Die zentrale Überleitungszeit (CSCT) wurde 1979 von Symon als sensitiver Parameter bezüglich der Vorhersage neurologischer Defizite erwähnt. Zudem wurde eine deutliche Korrelation zwischen SEP-Veränderungen und dem outcome nachgewiesen. Suzuki fand im Jahre 1982 [3] einen direkten Zusammenhang zwischen einer Amplitudenreduktion und einem schlechten outcome. In den Jahren 1984, 1985 und 1988 wurde von der Arbeitsgruppe um Symon [4, 5] die eingangs gemachte Aussage z.T. revidiert. Man fand jetzt eine eingeschränkte Wertigkeit hinsichtlich der Vorhersage neurologischer Defizite, bei unverändert hohem Vorhersagewert hinsichtlich des outcomes. Ziel der Studie war es, die Kombination beider Methoden im perioperativen Einsatz zu untersuchen.

Patienten und Methode

In einer prospektiven Studie wurden an 35 Patienten mit SAB die Ergebnisse der TCD und des SEP-Monitorings mit dem jeweiligen neurologischen Status verglichen. Patienten mit einem größeren raumfordernden intrazerebralen Hämatom wurden ausgeschlossen, die Defizite mußten verzögert im Sinne von DID auftreten.

Dopplersonographisch wurden die mittleren, systolischen und diastolischen Geschwindigkeiten in der A. cerebri anterior, A. cerebri media und A. carotis interna bestimmt. Die SEP-Daten umfaßten die zentrale Überleitungszeit (CSCT) und das N20/N14-Amplitudenverhältnis nach Stimulation des N. medianus.

Steudel et al. (Hrsg.)
Evozierte Potentiale im Verlauf
© Springer-Verlag Berlin Heidelberg 1993

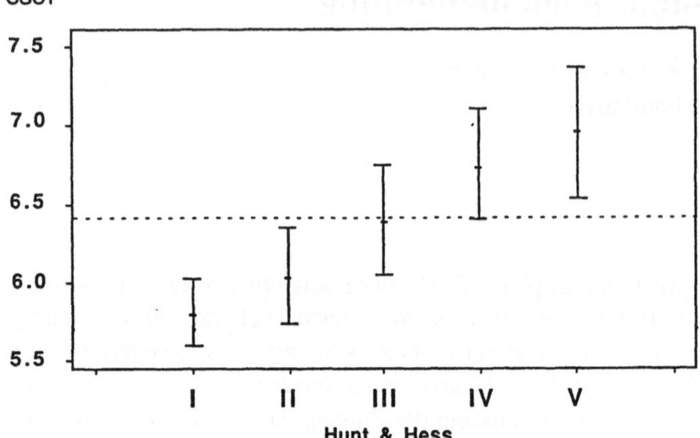

Abb. 1. Korrelation der zentralen Überleitungszeit *(CSCT)* mit dem neurologischen Status entsprechend der Hunt-Hess-Klassifikation

Ergebnisse

Im Gegensatz zu Symon et al. [4, 5] fanden wir bei Betrachtung der CSCT der betroffenen Hemisphäre signifikante intergraduelle Unterschiede. Beim Vergleich der CSCT mit der Obergrenze des Normalbereichs (6,45 ms) liegen die Werte für Grad IV und V deutlich darüber, der Wert für Grad II allerdings leicht darunter (Abb. 1).

Für das N20/N14-Amplitudenverhältnis der betroffenen Seite bestehen bereits ab Grad III signifikante intergraduelle Unterschiede. Grad II und III liegen deutlich unter Grad I, allerdings nicht bzw. nur geringfügig unter dem Normalwert (Abb. 2).

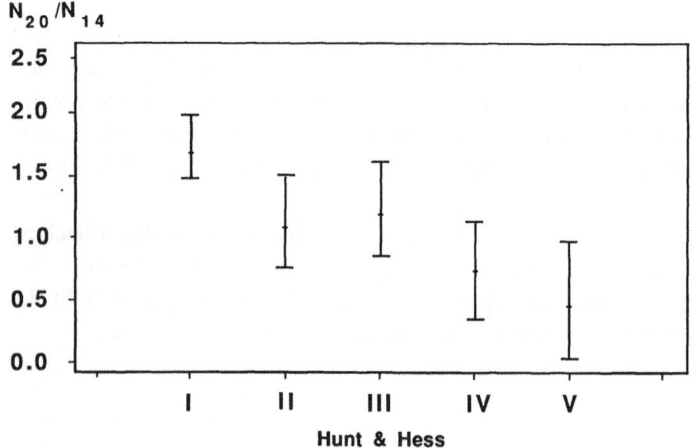

Abb. 2. Korrelation des N20/N14-Amplitudenverhältnisses mit dem neurologischen Status entsprechend der Hunt-Hess-Klassifikation

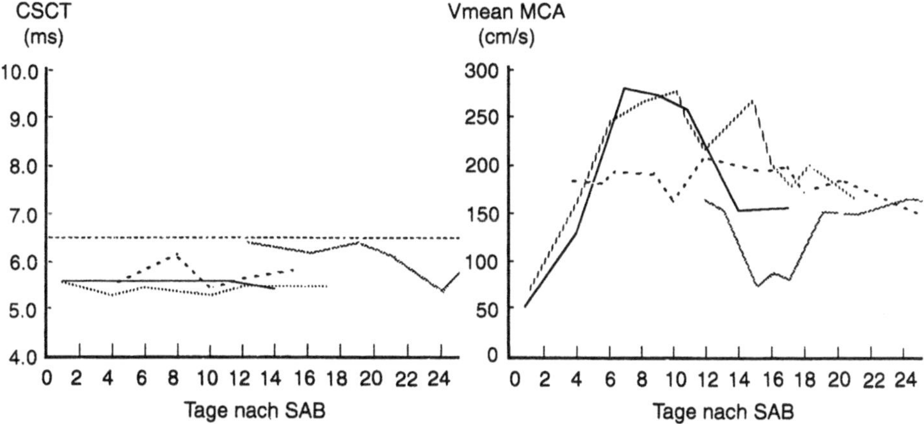

Abb. 3. Vergleich der Geschwindigkeitsverläufe in der A. cerebri media *(v$_{mean}$)* mit der zentralen Überleitungszeit *(CSCT)* bei 4 Patienten, die Geschwindigkeiten über 200 cm/s problemlos tolerierten. *Rechts* Verlauf der Flußgeschwindigkeiten über 4 Wochen. *Links* Parallel dazu konstante CSCT innerhalb des Normalbereichs

Bei der Überprüfung der Korrelation zwischen der mittleren Flußgeschwindigkeit (v$_{mean}$) in der MCA und der jeweiligen CSCT fand sich keine direkte Korrelation. Hohe Geschwindigkeiten waren nicht zwangsläufig mit einem Anstieg der CSCT verbunden.

Für das N20/N14-Amplitudenverhältnis wurde ebenfalls keine Korrelation zur mittleren Flußgeschwindigkeit beobachtet. Der prognostische Wert des kombinierten Monitoring wurde vor allem bei den Patienten deutlich, die hohe Flußgeschwindigkeiten aufwiesen, aber keine Defizite entwickelten. In Abb. 3 ist deutlich zu erkennen, daß auch bei extrem pathologischen Flußgeschwindigkeiten normale Überleitungszeiten bestimmt wurden. Dies korrelierte mit dem Ausbleiben neurologischer Defizite als Ausdruck einer ausreichenden Kompensation.

In der Übersicht zeigt Abb. 4 den Verlauf von CSCT, N20/N14-Amplitudenverhältnis und Flußgeschwindigkeit bei einem Patienten, der während des gesamten Beobachtungszeitraumes neurologisch unauffällig (Hunt-Hess-Grad I) war. Man erkennt, daß v.a. in der rechten MCA ständig pathologische Geschwindigkeiten um 200 cm/s gemessen wurden. Das SEP-Monitoring ergab dagegen konstante Werte für CSCT und Amplitudenverhältnis innerhalb des Normalbereichs.

Abbildung 5 zeigt diegleiche Übersicht bei einem 49jährigen Patienten, der bereits bei der stationären Aufnahme als Hunt-Hess-Grad IV eingestuft wurde. Die Flußgeschwindigkeiten in der MCA ragten gerade mit 2 Gipfeln aus dem Normalbereich heraus um dann wieder auf völlig normale Werte abzufallen, die typisch für Grad IV sind. Aus diesem Verlauf ist sicher keine prognostische Aussage abzuleiten. Betrachtet man dagegen die zentralen Überleitungszeiten und die Amplituden, so zeichnen sich typische Verläufe ab, die spekulative Äußerungen hinsichtlich des weiteren Verlaufs erlauben: Am 15. Tag lag die Flußgeschwindigkeiten im Normbereich, die CSCT war mit 6,5 und 6,8 ms deutlich angestiegen, die

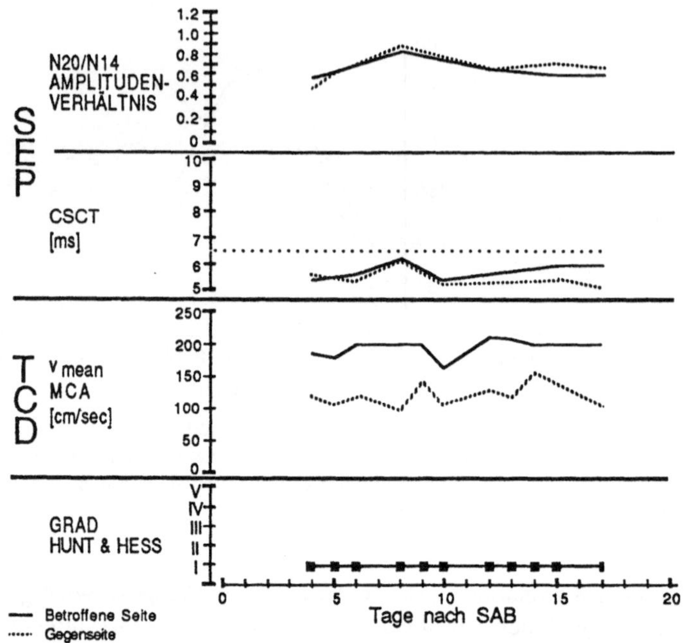

Abb. 4. Synchrone Darstellung der mittleren Flußgeschwindigkeit *(v$_{mean}$)* in beiden mittleren Hirnarterien *(MCA)*, der zentralen Überleitungszeit *(CSCT)* und des N20/N14-Amplitudenverhältnisses bei einem Patienten mit konstantem Hunt-Hess-Grad I

Amplituden ließen eine abfallende Tendenz erkennen. Bereits einen Tag später war die CSCT für die rechte Hemisphäre auf 9,1 ms angestiegen und die Amplitude weiter abgefallen.

Zusammenfassend läßt sich sagen, daß der prognostische Wert des TCD als gering anzusehen ist, denn die Patienten mit einem schlechten Outcome weisen eher niedrigere Geschwindigkeiten innerhalb des Normalbereiches auf. Dagegen liegt der CSCT bei diesen Patienten über der Obergrenze von 6,45 ms.

Schlußfolgerung

Die transkranielle Dopplersonographie ist eine sensitive und nichtinvasive Methode zum Vasospasmusnachweis nach erfolgter Subarachnoidalblutung. Der prognostische Wert hinsichtlich zu erwartender neurologischer Defizite ist erheblich eingeschränkt, denn selbst Flußgeschwindigkeiten über 200 cm/s sind nicht zwangsläufig mit Defiziten verbunden. In diesen Fällen scheint das gleichzeitige Monitoring evozierter Potentiale einen Hinweis auf eine ausreichende Versorgung über Kollateralkreisläufe liefern zu können und somit den prognostischen Wert der TCD zu erhöhen. Bei Patienten mit Hunt-Hess-Grad IV oder V könnte eine

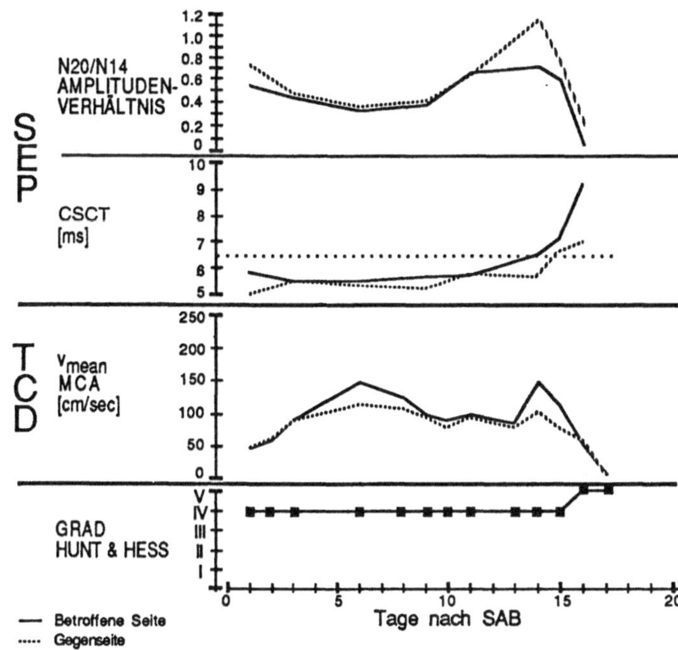

Abb. 5. Synchrone Darstellung der mittleren Flußgeschwindigkeit *(v_mean)* in beiden mittleren Hirnarterien *(MCA)*, der zentralen Überleitungszeit *(CSCT)* und des N20/N14-Amplitudenverhältnisses bei einem Patienten, der bereits bei der Aufnahme erhebliche neurologische Störungen aufwies und sich schließlich von Hunt-Hess-Grad IV nach V verschlechterte

Abnahme der Flußgeschwindigkeit unter Umständen als Abnahme des Vasospasmus und bevorstehende klinische Besserung fehlinterpretiert werden. In diesen Fällen kommt dem parallelen SEP-Monitoring eine große Bedeutung zu, als eine gleichzeitig registrierte Zunahme der CSCT und eine Abnahme des N20/N14-Amplitudenverhältnisses in jedem Fall mit einem schlechten Outcome verbunden war.

Literatur

1. Laumer R, Steinmeier R, Priem R, Gönner F, Hinkelmann B, Purucker M, Schramm J (1988) Perioperative monitoring of aneurysmal subarachnoid hemorrhage by transcranial Doppler sonography and somatosensory evoked potentials. Preliminary report on 2nd International Conference on Transcranial Doppler Sonography, Salzburg, 27.–30.11.1988
2. Laumer R, Steinmeier, R, Vogtmann T, Gönner F, Mück M (1989) Stellenwert der Transcraniellen Dopplersonographie beim Management der Subarachnoidalblutung. Nervenheilkunde 8:297–303

3. Suzuki A, Yasui N, Ito Z (1982) Brain dysfunction following vasospasm evaluated by somatosensory evoked potentials. Acta Neurochir 63:53–58
4. Symon L, Wang AD, Costa e Silva I, Gentili F (1984) Perioperative use of somatosensory evoked responses in aneurysm surgery. J Neurosurg 60:269–275
5. Symon L, Compton J, Redmond S et al (1988) Bedside monitoring in subarachnoid hemorrhage: Evoked responses, hemispheral blood flow, and flow velocity measurements. In: Wilkins RH (ed) Cerebral vasospasm. Raven, New York, pp 73–78
6. Wang AD, Cone J, Symon L, Costa e Silva IE (1984) Somatosensory evoked potential monitoring during management of aneurysmal SAH. J Neurosurg 60:264–268

23 Zum Verlauf der multimodalen evozierten Potentiale nach operativer und konservativer Therapie intrazerebraler Massenblutungen

R. Kraus und P. Christophis

Einleitung

Die Frage nach der operativen Therapie intrazerebraler Massenblutungen wird nach wie vor kontrovers diskutiert. Die Indikation ist selbstverständlich abhängig von objektivierbaren Parametern, wie dem klinisch-neurologischen Zustand des Patienten und den radiologischen Befunden, Ausdehnung und Lokalisation eines intrazerebralen Hämatoms.

Die vorliegende Untersuchung beschäftigt sich mit der Fragestellung, ob Verlaufsbeobachtungen mittels multimodaler evozierter Potentiale neue Aspekte für die Indikationsstellung zur operativen Entlastung spontaner intrazerebraler Blutungen erbringen können. Es wurden 40 schwerst betroffene, komatöse Patienten untersucht. Bei dieser Patientengruppe, bei der die klinische Beurteilbarkeit oft unbefriedigend ist, erscheinen elektrophysiologische Zusatzuntersuchungen besonders hilfreich.

Material und Methode

Vierzig Patienten (14 Frauen und 26 Männer) im Alter von 16 bis 82 Jahren (m = 48 Jahre) wurden untersucht. Alle Patienten erlitten eine spontane, supratentorielle, intrazerebrale Massenblutung. In 22 Fällen handelte es sich um Lobärhämatome, 15mal lag eine Stammganglienblutung vor. Drei Patienten hatten eine rein intraventrikuläre Blutung. Als Blutungsursache konnte 17mal eine arterielle Hypertonie, 18mal eine Gefäßmißbildung und 5mal eine andere oder keine Ursache gefunden werden.

Alle Patienten kamen innerhalb der ersten 24 h nach Eintritt der Erkrankung zur Aufnahme, alle waren zu diesem Zeitpunkt komatös und hatten einen Score von höchstens 6 nach der Glasgow Coma Scale.

Es wurden die somatosensorisch evozierten Potentiale (SEP) nach Stimulation der N. medianus, die akustisch evozierten Hirnstammpotentiale (BAEP) und die visuell evozierten Potentiale (VEP) unter Blitzlichtstimulation initial und in zweitägigen Abständen bis zu 14 Tage lang abgeleitet. Die elektrophysiologischen Untersuchungen wurden mit einer handelsüblichen DA-II-Einheit der Firma Toennies vorgenommen.

Steudel et al. (Hrsg.)
Evozierte Potentiale im Verlauf
© Springer-Verlag Berlin Heidelberg 1993

Ergebnisse

Klinische Ergebnisse

Bei allen 40 Patienten wurde zunächst die Möglichkeit einer operativen Entlastung der intrazerebralen Blutung diskutiert. Nach der tatsächlich gewählten Therapieform konnten die Patienten zunächst in vier Gruppen eingeteilt werden: 1. operative Entlastung der Blutung (n = 13); 2. rein konservative Therapie wie Hirndrucktherapie, Erhaltung der Vitalfunktionen (n = 7); 3. konservative Therapie plus externe Liquorableitung (n = 10); 4. Verzicht auf jegliche Therapie (n = 10). Im folgenden sind die Gruppen Nr. 2 und 3 unter dem Stichwort konservativ-symptomatische Therapie zusammengefaßt.

Der klinische Ausgang am Ende der primären stationären Behandlungsphase wurde nach der Glasgow Outcome Scale beurteilt. Der durchschnittliche GOS-Score in der Gruppe der operierten Patienten lag bei 2,6, unter konservativ-symptomatischer Therapie bei 1,9. Vier von 5 Patienten mit gutem oder sehr gutem Ausgang (GOS 4 und 5) gehörten der operierten Gruppe an. Insgesamt verstarben 24 von 40 Patienten.

Elektrophysiologische Ergebnisse

Bei der Beurteilung der evozierten Potentiale wurden folgende Parameter herangezogen: Interpeaklatenz III–V und Amplitude der Welle V des BAEP, die zentrale Überleitungszeit und die Amplitude der Welle N20 des Medianus-SEP und die Latenz der Welle P 100 des VEP.

In der Gruppe der operierten Patienten verbesserten sich in 46% die Befunde der multimodalen evozierten Potentiale, während dies nur in 18% unter konservativ-symptomatischer Therapie der Fall war. Hier kam es in 47% zur Befundverschlechterung (31% in der operierten Gruppe).

Vergleicht man Verbesserung, Konstanz und Verschlechterung der elektrophysiologischen Befunde mit dem klinischen Outcome, dann ergibt sich eine gute Korrelation, gleichgültig, ob operativ oder konservativ-symptomatisch behandelt wurde. Alle Patienten mit einer Verbesserung der EP-Befunde im Verlauf hatten einen mindestens befriedigenden Ausgang (GOS 3 oder besser), 44% sogar einen guten oder sehr guten. In allen Fällen mit gleichbleibend guten EP-Befunden kam es zu einem GOS-Score 3 oder 4, bei gleichbleibend schlechten Befunden verstarben 75% der Betroffenen; 92% der Patienten mit einer Verschlechterung der Multimodalen Evozierten Potentiale verstarben, nur einer überlebte unter dem Bild eines apallischen Syndroms.

Beurteilt man die einzelnen Modalitäten nach Unterschieden zwischen operativer und konservativer Therapie, so findet man keine wesentlichen Differenzen zwischen beiden Behandlungsformen für das BAEP und Das VEP.

Betrachtet man jedoch die zentrale Überleitungszeit des SEP, so zeigen sich deutliche Vorteile der operierten Gruppe. Hier kommt es zu einer Verbesserung in

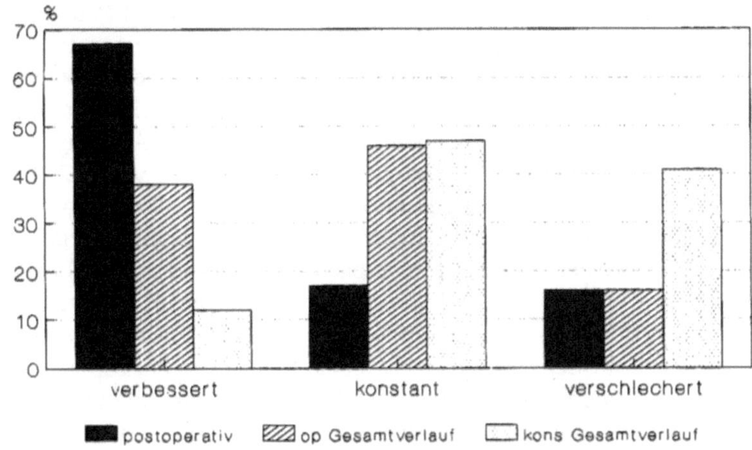

Abb. 1. Spontane intrazerebrale Blutungen – zentrale Überleitungszeit

38% (konservativ in 12%), konstante Befunde bestehen in 46% (47%), Verschlechterungen in 16% (41%). Waren initial die kortikalen Potentiale beidseits erhalten, so ergab sich nach operativer Therapie im Verlauf kein Seitenunterschied. Unter konservativer Therapie ging in solchen Fällen in über 60% das kortikale Potential der von der Blutung betroffenen Hemisphäre im Verlauf verloren.

Die Verläufe der Amplitude der Welle N20 sind in der Gruppe der operierten Patienten ebenfalls günstiger als bei konservativ-symptomatischer Therapie, jedoch in geringerem Maße als bei der zentralen Überleitungszeit. Das Wiedererscheinen eines initial erloschenen kortikalen SEP konnte weder unter operativer noch unter konservativer Therapie beobachtet werden.

Zieht man für den Vergleich zwischen operativer und konservativer Therapie nicht den jeweils gesamten elektrophysiologischen Verlauf heran, sondern stellt diesem den Verlauf von prä- zu postoperativer EP Ableitung gegenüber, so zeigen sich vor allem für die zentrale Überleitungszeit des SEP und die Latenz der P 100 des VEP noch deutlichere Unterschiede. Die zentrale Überleitungszeit verbessert sich unmittelbar postoperativ in 67% der Fälle (operativer Gesamtverlauf 38%, konservativer Gesamtverlauf 12%), nur in 16% kommt es unmittelbar postoperativ zu einer Verschlechterung. Die Latenz der P 100 verbessert sich im prä- zu postoperativen Vergleich in 61% (operativer Gesamtverlauf 38%, konservativer Gesamtverlauf 35%) (Abb. 1).

Diskussion

Die multimodalen evozierten Potentiale sind als Parameter der Verlaufsbeobachtung bei neurologisch-neurochirurgischen Krankheitsbildern seit langer Zeit im Einsatz (umfangreiche Literaturübersichten u.a. bei Stöhr et al. [9]). Ihre Wertigkeit v.a. für die prognostische Beurteilung eines Krankheitsverlaufes ist unbestritten. Am besten dokumentiert ist der prognostische Wert der evozierten Potentiale für Schädel-Hirn-Traumata [2, 4, 5]. Arbeiten über multimodale evozierte Potentiale bei spontanen intrazerebralen Hämatomen liegen demgegenüber nicht vor. Hier finden sich nur Ergebnisse mit einzelnen Modalitäten. Das BAEP untersuchte Lumenta [4] und fand eine gute Korrelation zwischen klinischem Ausgang und Grad der BAEP-Veränderung. Klug [3] beschrieb den Verlauf der BAEP bei transaxialer Druckentwicklung nach supratentoriellen Blutungen. Der Verlust einer oder mehrerer Komponenten der Wellen I–V initial oder im weiteren Verlauf wird als prognostisch besonders ungünstig angesehen. Reisecker et al. [7, 8] belegen den prognostischen Wert des SEP bei verschiedenen, spontanen, intrakraniellen Blutungsformen. Wir können durch unsere vorgelegten eigenen Ergebnisse die prognostische Aussagekraft der evozierten Potentiale bei spontanen, supratentoriellen, intrazerebralen Blutungen unterstreichen. Die Übereinstimmung zwischen elektrophysiologischem Verlauf und klinischem Ausgang ist sehr gut. Bei den schwer betroffenen Patienten unseres Krankengutes ist die Auswertung der multimodalen evozierten Potentiale der klinischen Beurteilung oftmals überlegen. Ebenso ist die zusammenfassende Beurteilung aller Parameter einzelnen Modalitäten der Evozierten Potentiale hinsichtlich ihrer prognostischen Sicherheit überlegen.

Zur Frage der Indikationsstellung zur operativen Therapie einer intrazerebralen Blutung können aus den beschriebenen Ergebnissen folgende Gedanken abgeleitet werden:

Auch initial schwer betroffene Patienten in schlechtem klinisch-neurologischem Zustand können von einer operativen Intervention profitieren.

In unserem Krankengut ergab sich nach operativer Therapie ein günstigerer klinischer und elektrophysiologischer Verlauf als unter konsequenter konservativ-symptomatischer Therapie. Die Verteilung der Patienten auf die beiden Therapieformen erfolgte allerdings nicht nach den Gesichtspunkten einer randomisierten Studie. Eine solche ist jedoch nach unserer Meinung aus ethischen Gründen nicht vertretbar.

Die Kenntnis der Verlaufsbeobachtungen der multimodalen evozierten Potentiale bei spontanen, supratentoriellen, intrazerebralen Blutungen spricht bei unklaren, klinischen und radiologischen Entscheidungsparametern eher für ein operatives Einschreiten als für eine konservative Therapie.

Literatur

1. Greenberg RP, Becker DP (1975) Clinical applications and results of evoked potential data in patients with severe head injury. Surg Forum 26:484–486
2. Greenberg RP, Becker DP, Miller JD, Mayer DJ (1977) Evaluation of brain function in severe human head trauma with multimodality evoked potentials. II. Localization of brain dysfunction and correlation with posttraumatic neurological conditions. J Neurosurg 47:163–177
3. Klug N (1982) Brainstem auditory evoked potentials in syndromes of decerebration, the bulbar syndrome and in cerebral death. J Neurol 227:219–228

4. Lumenta CB (1987) Die Bedeutung der akustisch evozierten Potentiale in der Neurochirurgie. Zuckschwerdt, München S 60–64
5. Narayan RK, Greenberg RP, Miller JD, Enas GG et al (1981) Improved confidence of outcome predication in severe head injury. A comparative analysis of the clinical examination, multimodality evoked potentials, CT scanning and intracranial pressure. J Neurosurg 54:751–762
6. Newlon PG, Greenberg RP, Hyatt MS et al (1982) The dynamics of neuronal dysfunction and recovery following severe head injury assessed with serial multimodality evoked potentials. J Neurosurg 57:168–177
7. Reisecker F, Witzmann A et al (1985) Somatosensorisch evozierte Potentiale bei komatösen Patienten, ein Vergleich mit klinischem Befund, EEG und Prognose. Z EEG EMG 16:87–92
8. Reisecker F, Witzmann A et al (1987) Zum Stellenwert früher akustischer und somatosensorisch evozierter Potentiale in der Überwachung und prognostischen Beurteilung des Komas unter Barbiturattherapie – vergleichende Untersuchungen mit Klinik und EEG. Z EEG EMG 18:36–42
9. Stöhr M, Dichgans J, Diener HC, Buettner UW (1989) Evozierte Potentiale. Springer, Berlin Heidelberg New York Tokyo

24 SEP-Monitoring bei Karotisdesobliterationen: Eine Studie anhand von 994 Fällen

W. F. Haupt, S. Horsch und Ph. De Vleeschauwer

Einleitung

Die Desobliteration von extrakraniellen Stenosen der A. carotis wird als möglicherweise wirksame Behandlung zur Verhinderung von bleibenden Hemiparesen nach zerebralen Infarkten angesehen. Es müssen hohe Anforderungen an die präoperative Diagnostik und Operationsindikation gestellt werden. In den letzten Jahren haben sich die Meinungen hinsichtlich der Operationsindikation erheblich gewandelt. Nach den ersten Ergebnissen der nordamerikanischen symptomatischen Endarterektomiestudie (NASCET) ist die operative Therapie bei über 70%igen symptomatischen Stenosen eindeutig der medikamentösen Behandlung überlegen.

Intraoperative Monitoringmethoden sollten einfach, empfindlich und zuverlässig sein. Die Methode der medianusevozierten somatosensiblen Potentiale (SEP) hat sich als brauchbare intraoperative Monitoringmethode der zerebralen Funktion bei Karotisdesobliterationen erwiesen [2, 5, 8].

Methoden

Zwischen 1984 und 1990 wurden insgesamt 994 Operationen der A. carotis bei 888 Patienten durchgeführt. Es handelte sich in 92% der Fälle um Endarterektomien der A. carotis, in 6% um andere Rekonstruktionen der Arterie. Die SEP-Ableitungen erfolgten bei elektrischer Stimulation des N. medianus am Handgelenk und Aufzeichnung mit EEG-Nadelelektroden vom jeweils kontralateralen somatosensiblen kortikalen Projektionsfeld.

Ergebnisse

Die Aufzeichnung von SEP wurde in allen Fällen versucht, bei 9,9% der Fälle gelang keine ausreichende Registrierung. Bei 78,7% der Operationen fanden sich keine signifikanten intraoperativen Veränderungen, in 10,5% fanden wir reversible SEP-Veränderungen, in 0,7% der Aufzeichnungen fand ein irreversibler Verlust des SEP über der betroffenen Hemisphäre statt.

Die SEP-Aufzeichnungen belegten bei 7 Fällen (= 0,7%) einen irreversiblen Signalverlust, welcher mit einem neuen postoperativen neurologischen Defizit

Steudel et al. (Hrsg.)
Evozierte Potentiale im Verlauf
© Springer-Verlag Berlin Heidelberg 1993

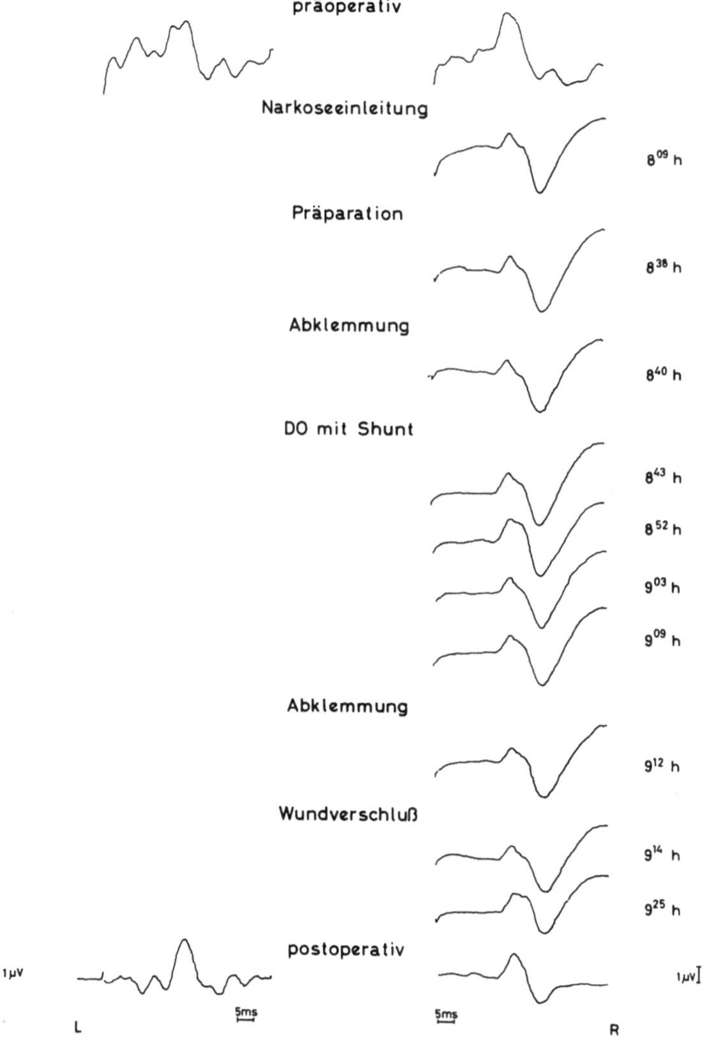

Abb. 1. Regelrechte Registrierung von SEP vor, während und nach der Operation

korrelierte. Dieser Befund entspricht einem positiven Voraussagewert von 100%. Nur in einem Fall wurde ein neues postoperatives neurologisches Defizit angetroffen ohne entsprechende SEP-Veränderungen. Die Sensitivität bezogen auf die Gesamtzahl der Komplikationen beträgt somit 87%.

Die Darstellung zeigt die regelrechte Registrierung von unauffälligen SEP vor, während und nach der Desobliterationsoperation ohne Komplikationen (Abb. 1).

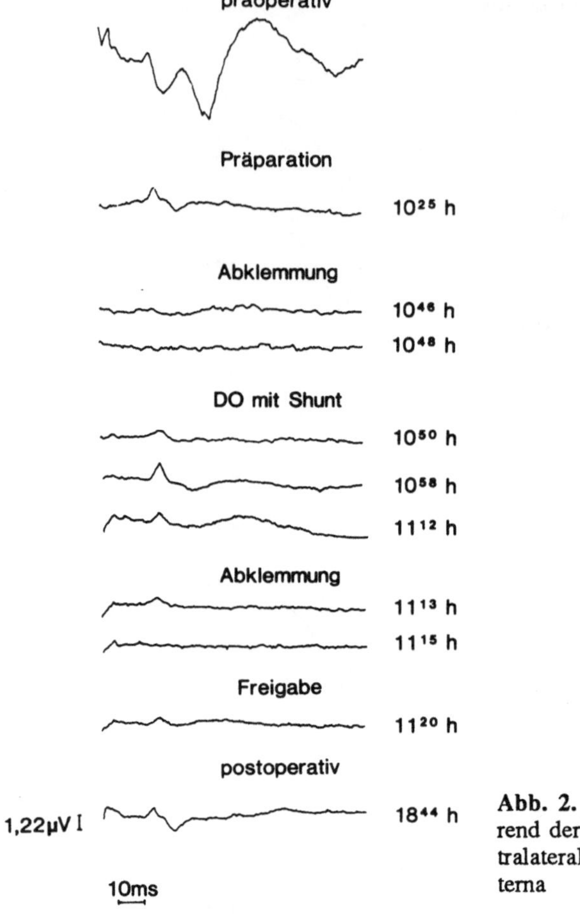

Abb. 2. Reversibler SEP Verlust während der Abklemmungsphasen bei kontralateralem Verschluß der A. carotis interna

Reversible SEP-Veränderungen

Kontralaterale Stenosen oder Verschlüsse der A. carotis bedingen häufig reversible Amplitudenveränderungen, insbesondere in der Abklemmungsphase (Abb. 2). Es besteht eine enge Korrelation zwischen Ausmaß der kontralateralen Stenose und der Häufigkeit von SEP-Veränderungen in der Abklemmungsphase.

Ein irreversibler SEP-Verlust trat in 6 Fällen während der Präparation oder Desobliteration der A. carotis auf. Hier waren Embolien zu vermuten. Nur in einem Fall wurde der SEP-Verlust im Zusammenhang mit einem Blutdruckabfall während der Präparation beobachtet. Hier kommt neben einer Embolie auch eine globale Hirnischämie als Ursache in Betracht.

Therapeutische Möglichkeiten

Intraoperative SEP-Veränderungen können frühzeitig dem Operateur und dem Anästhesisten Komplikationen signalisierten. Es sollte versucht werden, die Herz-Kreislauf-Funktion möglichst stabil zu halten und insbesondere in der Nachbehandlungsperiode die Patienten unter Intensivbedingungen zu beobachten.

Diskussion

Die intraoperative Überwachung mittels SEP kann als etablierte Methode betrachtet werden. Die Erfahrungen der letzten 10 Jahre haben gezeigt, daß diese Methode empfindlich, zuverlässig und unbelastend ist. Sundt et al. [7] haben im Jahre 1981 insgesamt 1145 Karotisdesobliterationen mitgeteilt, die durch EEG und intraoperative Messung des zerebralen Blutflusses überwacht wurden. Es wurden bei 130 Fällen EEG-Veränderungen angetroffen, von denen 120 als nicht bedeutsam erachtet wurden. In 10 Fällen wurden Veränderungen vermerkt, die mit postoperativen neurologischen Komplikationen korrelierten. Es erscheint schwierig, eindeutige Entscheidungskriterien für die Differenzierung zwischen unerheblichen und bedeutsamen EEG-Veränderungen zu treffen.

Mola et al. [3] haben 143 Endarterektomien im Jahre 1986 mitgeteilt, die mittels EEG überwacht wurden. Es fand sich je eine postoperative Komplikation, die erfaßt wurde und die ohne EEG-Veränderungen einherging.

Chiappa et al. [1] teilten Befunde bei 367 Karotisdesobliterationen mit, bei denen ein computerisiertes EEG-System benutzt wurde. Sie fanden 9 intraoperative Komplikationen, die mit einem neurologischen Defizit korrelierten.

Rampil et al. [4] haben 1983 die Befunde von 111 Patienten mitgeteilt, bei denen computerisierte EEG-Überwachungen durchgeführt wurden. Hier fand sich ein postoperatives Defizit, welches erfaßt wurde.

Russ et al. [6] beschrieben im Jahre 1985 43 Operationen, die mit einem Neurotrac-EEG-Spektralanalysesystem überwacht wurden. Sie fanden 11mal Veränderungen intraoperativ, jedoch nur 2 postoperative neurologische Komplikationen. Hier sind insgesamt 9 falsch-positive Befunde zu unterstellen. Es wurden keine falsch-negativen Befunde mitgeteilt.

Zusammenfassend zeigt sich, daß alle Systeme zur intraoperativen Überwachung sowohl falsch-positive wie auch falsch-negative Befunde liefern können. Der Vergleich mit der Methode des SEP-Monitorings zeigt, daß diese Methode in Hinblick auf Sensitivität und Reliabilität mindestens den anderen technischen Methoden gleichwertig ist. Insbesondere scheinen die computerisierten EEG-Methoden ein höhere Inzidenz von falsch-positiven Befunden zu zeigen.

Literatur

1. Chiappa KH, Burke SR, Young RR (1979) Results of electroencephalographic monitoring during 367 carotid endarterectomies – use of a dedicated minicomputer. Stroke 10:381–388
2. Haupt WF, De Vleeschauwer P, Horsch S (1985) Veränderungen somatosensibel evozierter Potentiale während Carotisdesobliterationen. Diagnostische Bedeutung und mögliche Konsequenzen für die Therapie. Z EEG-EMG 16:201–205
3. Mola M, Collice M, Levati A (1986) Continous intraoperative electroencephalographic monitoring in carotid endarterectomy. Eur Neurol 25:53–60
4. Rampil IJ, Holzer JA, Quest DO, Rosenbaum SH, Correll JW (1983) Prognostic value of computerized EEG analysis during carotid endarterectomy. Anesth Analg 62:186–192
5. Russ W, Fraedrich G (1984) Intraoperative detection of cerebral ischemia with somatosensory cortical evoked potentials during carotid endarterectomy – presentation of a new method. Thorac Cardiovasc Surg 32:124–126
6. Russ W, Klink D, Krumholz W, Fraedrich G, Hempelmann G (1985) Erfahrungen mit einem neuen EEG-Spektralanalysator in der Karotischirurgie. Anaesthesist 34:85–90
7. Sundt TF, Sharbrough FW, Piepgrass DG, Kearns TP, Messick JM, O'Fallon WM (1981) Correlation of cerebral blood flow and electroencephalographic changes during carotid endarterectomy. Mayo Clin Proc 56:533–543
8. De Vleeschauwer P, Haupt WF, Heinrichs W, Horsch S (1985) Anwendung somatosensibel evozierter Potentiale in der Carotischirurgie zur Detektion von Hirnischämien. Angio 7:203–209

25 Die Kontrolle der klinischen Ergebnisse nach operativer Dekompression der A. vertebralis im V1- und V2-Abschnitt mittels akustisch evozierter Potentiale

H.-E. Vitzthum

Die Indikation zur operativen Vertebralisliberation nach Kehr und Jung stellen wir bei klinischer Vertebralisinsuffizienz und radiologischer Sicherung der Vertebraliselongation im Bereich der Unkovertebralgelenke bzw. bei klinisch vorliegender Vertebralinsuffizienz und angiographisch gesicherten Vertebraliskinking vor dem Eintritt in den knöchernen Kanal am Transversalfortsatz des 6. Halswirbelkörpers. Obwohl es nicht direkt gelingt, die Flowverbesserung nach der operativen Intervention zu objektivieren, geben die Patienten in etwa 80% klinisch eine gravierende Verbesserung der Symptome an (Tabelle 1).

Trotz intraoperativ eindrucksvoller Entfesselung des Gefäßes in seinem Knochenkanal verbleibt eine gewisse Unsicherheit, ob die beabsichtigte Verbesserung der Durchblutungssituation im vertebrobasilären Stromgebiet auch angesichts der zu kalkulierenden Spätergebnisse gesichert bleibt, denn bei der komplexen Pathogenese sind neben der lokalen Narbenbildung fortschreitende degenerative Gefäß- und Halswirbelsäulenveränderungen zu bedenken.

Gerlach hatte bereits 1886 gefunden, daß physiologisch bei Drehung des Kopfes die kontralaterale A. vertebralis okkludiert wird. Wir hatten tierexperimentell verifizieren können, daß bei Stenose einer A. vertebralis die Flowminderung bei Kopfdrehung durch die andere A. vertebralis nicht kompensiert werden kann. Es liegt damit nahe, die Auswirkung der Hämodynamikänderung bei Rechts- bzw. Linksdrehung oder Reklination des Kopfes auf die akustisch evozierten Potentiale zu ermitteln (Abb. 1).

Tabelle 1. Klinische Ergebnisse nach operativer Vertebralisliberation

	Präoperative Symptomatik	Postoperative Symptomatik
Kopfschmerzen	28	8
Nackenschmerzen	20	3
Schwindel	27	5
Radikuläre Symptomatik	12	5
„Drop attacks"	21	1
Augenflimmern	7	1
Gesamte Patienten	30	30

Steudel et al. (Hrsg.)
Evozierte Potentiale im Verlauf
© Springer-Verlag Berlin Heidelberg 1993

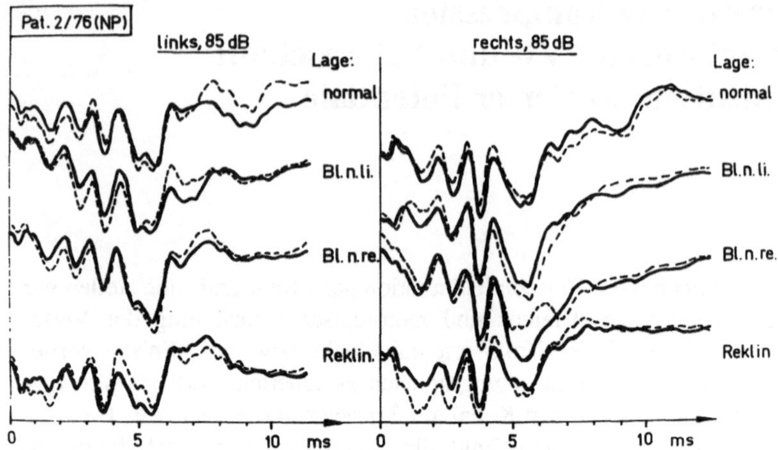

Abb. 1. Frühe akustisch evozierte Potentiale eines normalhörenden Probanden in Normallage, bei Rechts-, Linksdrehung und Reklination des Kopfes

Neben dieser Ableitung in „Provokationshaltung" war unser Ziel, den Behandlungserfolg bei den von uns operierten Patienten mit vertebrobasilärer Insuffizienz – also mit sicherer Kenntnis der morphologischen Befunde – gegenüber einer nichtoperierten Klientel zu objektivieren.

Die Registrierung der BAEP (Kontrolle der Reproduzierbarkeit durch jeweils 2000 Mitteilungen, Abtastrate 20 kHz) erfolgte zwischen Vertex und ipsilateralem Ohrläppchen bei monauraler Stimulation mit Clicks (Reizfolgefrequenz 10/s, 50 µs Rechteckimpulse an Kopfhörer TDH 39, Polarität: „rarefaction" 85 Dezibel HL).

Bei normalhörenden Probanden konnten wir keine signifikanten Unterschiede der BAEP-Konfiguration zwischen der Ableitung in Normallage und in Provokationslage erkennen, und wir ermittelten die Normalwerte bei diesen Probanden. Bei Patienten mit vertebrobasilärer Insuffizienz fanden wir in einem hohem Prozentsatz Veränderungen des Kurvenverlaufes, nur bei 4 Patienten mußte der Kurvenverlauf als normal eingestuft werden. Die Provokationshaltungen ergaben wertvolle Zusatzinformationen. Diese beziehen sich vor allem auf die Veränderung der Welle III, eine Amplitudenreduktion und eine Verlängerung des I–III- und I–V-Intervalls. Unter Verwendung der zweifachen Standardabweichung sahen wir Verlängerung des I–III-Intervalls von über 2,5 ms und des I–V-Intervalls von mehr als 4,4 ms sowie eine Seitendifferenz des I–V-Intervalls von mehr als 0,3 ms als auffällig an. Weiterhin wurde die BAEP-Form und Seitendifferenz der Amplituden (über 50%) bewertet (Tabelle 2).

Bei den 30 operierten Patienten mit vertebrobasilärer Insuffizienz fanden wir in über zwei Drittel der Operierten eine Veränderung der Welle III (Doppelgipfligkeit, Verbreiterung), allerdings in der Hälfte der operierten Patienten nur in Provokationshaltung (Abb. 2).

Tabelle 2. Veränderungen der BAEP-Konfiguration bei 53 Patienten mit vertebrobasilärer Insuffizienz

	Ableitung in Normallagerung	Zusatzinformation in „Provokationslagerung"
Normaler Kurvenverlauf	4	–
Welle III-Veränderung	23	15
Amplitudenreduktion	24	15
Interpeaklatenz-verlängerung	27	12
Nackenpotentiale	13	33
Reproduzierbarkeit	16	12
Gesamt	53 Patienten	

Die Übereinstimmung mit der operierten Seite war deutlich. Bei ebenfalls nahezu zwei Drittel der Patienten waren die I–III bzw. I–V Intervalle pathologisch verändert. Hier fand sich bei 12 Patienten eine Übereinstimmung mit der operierten Seite. Die Provokationshaltung zeigte sich bei der Verlängerung des I–V-Intervalls als hilfreiche Unterstützung (Tabelle 3).

Als fragwürdig erscheint uns der Versuch, die klinischen Ergebnisse mit den Veränderungen der akustisch evozierten Potentiale graduell in Beziehung zu setzen. Die geringsten Veränderungen zeigten die Patienten mit sehr gutem klinischen Nachuntersuchungsergebnis. Hier fanden wir nur bei etwa einem Viertel der Patienten einschlägige Veränderungen. Bei den Patienten mit guten Ergebnissen ergeben sich sowohl bei operierten als auch bei nichtoperierten Patienten – in etwa 50% – Veränderungen. Bei mäßigen Behandlungserfolg wird diese 50%-Grenze überschritten, und bei Patienten mit unbefriedigendem Ergebnis finden wir bei

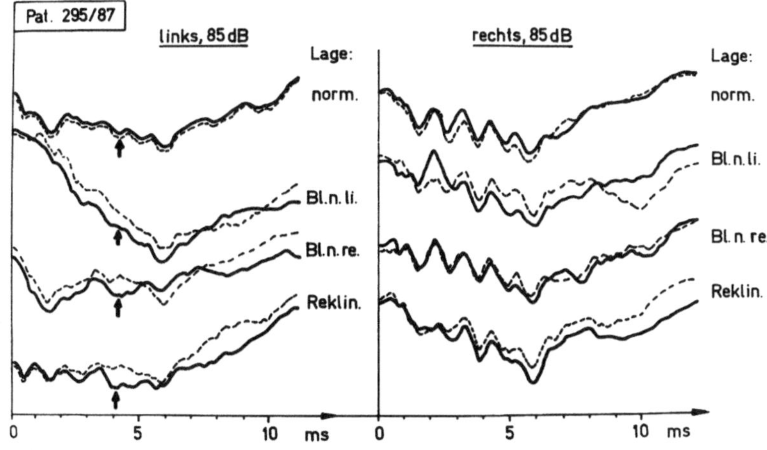

Abb. 2. Welle-III-Veränderung bei Patienten mit vertebrobasilärer Insuffizienz und BAEP-Ableitung in Normal- und „Provokationshaltung"

Tabelle 3. BAEP bei 30 Patienten nach Vertebralisliberation

Welle-III-Veränderungen	23 Patienten
(nur in Provokationshaltung)	15 Patienten
übereinstimmend mit OP-Seite	21 Patienten
Interpeaklatenzverlängerung	
I–III-Verlängerung	19 Patienten
(nur in Provokationshaltung)	8 Patienten
I–V-Verlängerung	20 Patienten
(nur in Provokationshaltung)	16 Patienten
III–V-Verlängerung	18 Patienten
(nur in Provokationshaltung)	13 Patienten

nahezu allen Patienten pathologische Veränderungen der Hirnstammpotentiale als Ausdruck der persistierenden funktionellen Störung (Tabelle 4).

Pathologische Hirnstammpotentiale sind bei Patienten mit vertebrobasilärer Insuffizienz aus der Literatur bekannt. So fanden Maurer [2] in 10 von 12 Fällen, Röder [3] in 70 von 89 Ableitungen und Factor in allen 8 abgeleiteten Patienten pathologische BAEP-Konfiguration. Wir ermittelten in 48 von 53 Ableitungen veränderte Hirnstammpotentiale. Eine durchgehende Korrelation zwischen den überzeugenden klinischen Ergebnissen nach operativer Freilegung der A. verte-

Tabelle 4. a BAEP-Konfiguration bei 30 operierten Patienten in Abhängigkeit vom postoperativen Ergebnis. **b** BAEP-Konfiguration bei 23 Patienten mit vertebrobasilärer Insuffizienz nach konservativer Behandlung in Abhängigkeit vom Behandlungserfolg

Behandlungserfolg	Sehr gut	Gut	Mäßig	Schlecht
a (30 Patienten)				
Welle-III-Veränderung	1	6	5	2
Amplitudenreduktion	1	4	5	2
Interpeaklatenzverlängerung	2	6	4	2
Nackenpotentiale	1	11	4	2
Reproduzierbarkeit	3	4	1	2
Patientenzahl (n)	7	15	6	2
b (23 Patienten)				
Welle-III-Veränderung	–	2	2	3
Amplitudenreduktion	–	3	5	4
Interpeaklatenzverlängerung	–	3	4	6
Nackenpotentiale	–	3	6	6
Reproduzierbarkeit	–	2	2	3
Patientenzahl (n)	–	7	8	8

bralis im V1- und V2-Abschnitt und den abgeleiteten akustisch evozierten Potentialen erscheint uns – wenn überhaupt – nur durch Längsschnittuntersuchungen unter Einschluß intraoperativer Ableitungen möglich. Die von uns inaugurierte Provokationshaltung bei der Ableitung ist empfehlenswert.

Für die Ableitung bedanke ich mich herzlich bei Herrn Dr. rer. nat. habil. H. von Specht und Frau Dr. med. Stoye, HNO-Klinik der Medizinischen Akademie Magdeburg.

Literatur

1. Kehr P, Jung A (1985) Chirurgie der Arteria vertebralis an den Bewegungssegmenten der Halswirbelsäule. In: Gutmann G (Hrsg) Funktionelle Pathologie und Klinik der Wirbelsäule, Bd 1, Teil 4. Fischer, Stuttgart
2. Maurer K, Leitner H, Schäfer E (1982) (Hrsg) Akustische evozierte Potentiale, 1. Aufl. Enke, Stuttgart
3. Röder H (Hrsg) (1983) Das akustisch evozierte Hirnstammpotential und seine klinische Anwendung, 1. Aufl. Hirzel, Leipzig

Koma und Hirntod

26 Kombinierte Verlaufsbeobachtung mittels multimodal evozierter Potentiale (EP) und transkranieller Dopplersonographie (TCD) bei langzeitig komatösen Patienten

A. Feldges, H. Wiedemaier, Ch. Hoffmann und M. Mehdorn

Einleitung

Für den auf einer Intensivstation tätigen Neurochirurgen ist von großer Wichtigkeit, bei komatösen Patienten möglichst frühzeitig zuverlässige Aussagen über den Verlauf und die Prognose zu erhalten. In diesem Zusammenhang wurde die Aussagekraft von evozierten Potentialen und transkranieller Dopplersonographie als Verlaufsuntersuchungen von komatösen Patienten unterschiedlich eingeschätzt. Im Rahmen einer retrospektiven Untersuchung wurde bei 22 neurochirurgischen Intensivpatienten mit einer längeren Komadauer untersucht, welche speziellen Parameter bei den EP und der TCD dabei eine zuverlässige Aussage über Schäden des Zentralnervensystems und insbesondere des Hirnstammes zulassen.

Methoden und Patienten

Die Ableitung der evozierten Potentiale erfolgte mit dem Compact Four (Firma Nicolet). Bei den akustisch evozierten Potentialen wurde eine Reizfrequenz von 11,3 Hz bei alternierendem Click von 90 dB und 2000 Mittelungen benutzt. Die Filtereinstellungen am Verstärker waren 150 Hz und 3 kHz für die Grenzfrequenzen. Bei den MSEP wurde eine Reizintensität von 15–20 mA mit einer Reizdauer von 0,1 ms und einer Reizfrequenz von 3,1 Hz gewählt. Summiert wurden je 250 Reizantworten. Die Silbernadelelektroden wurden wie üblich über C_3/P_3 bzw. C_4/P_4 mit Referenz Fz positioniert. Die Filterfrequenzen waren jeweils 5 Hz und 1 kHz. Bei den MSEP wurden N_{14}, N_{20}, der Amplitudenquotient aus primärer kortikaler Antwort N_{20}–P_{25} und cervikalem Potential N_{14} sowie die zentrale Leitungszeit (CSCT) mit dem aktuellen Komagrad zum Zeitpunkt der Untersuchung verglichen. Bei den akustisch evozierten Potentialen erfolgte dies für die Interpeaklatenzen I–III und III–V sowie den Amplitudenquotienten V/I. Pathologisch waren Werte oberhalb der 2,5fachen Standardabweichung. Neben der Bewertung der einzelnen Parameter wurden aufgrund der sonst eher vieldeutigen Einzelbefunde Veränderungen der evozierten Potentiale in 4 verschiedene Schweregrade eingeteilt: Typ I entsprach einem Normalbefund, bei Typ II bestanden verlängerte Latenzen oder deformierte Potentiale ein- oder beidseitig, bei Typ III waren die Potentiale einseitig und bei Typ IV beidseitig erloschen. Mit Hilfe der transkraniellen Dopplersonographie würde regelmäßig die intrakranielle Zirkulation be-

Steudel et al. (Hrsg.)
Evozierte Potentiale im Verlauf
© Springer-Verlag Berlin Heidelberg 1993

urteilt (Schallfrequenz 2 MHz, Firma EME, Überlingen). Auch die Befunde der transkraniellen Dopplersonographie wurden je nach Veränderung der intrakraniellen Zirkulation in 4 verschiedene Schweregrade eingeteilt: Typ I entsprach einem Normalbefund, bei dem Typ II bestand ein signifikant reduzierter diastolischer Fluß bei verschmälerten systolischen Peaks oder ein deutlich erhöhter Pulsatilitätsindex ein- oder beidseitig. Bei dem Typ III wurden einseitig, bei Typ IV beidseitig entweder Pendelfluß, systolische Spikes oder fehlende Dopplersignale gefunden.

Das Alter der 22 langzeitig komatösen Patienten schwankte zwischen 5 und 73 Jahren, der Median lag bei 23 Jahren. Aufgrund des hohen Anteils der Schädel-Hirn-Traumen überwog das männliche Geschlecht mit 18 Patienten deutlich. 17 Patienten wurden nach einem Schädel-Hirn-Trauma in unserer Klinik aufgenommen, jeweils 2 Patienten wiesen eine Hypoxie bzw. eine Basilaristhrombose auf. Ein Patient wies nach der Operation eines größeren Kleinhirnbrückenwinkeltumors eine langzeitige Bewußtlosigkeit auf. In 85% der Fälle bestand bei der Aufnahme ein Koma II oder III (Brüsseler Komaskala), in 10% ein Koma IV. Alle Patienten wiesen während ihres klinischen Verlaufes mindestens einmal die Zeichen einer Hirnstammschädigung auf. Die Langzeitergebnisse zeigten das Ausmaß der primären oder sekundären Hirnstammschädigung: 46% der Patienten blieben nach der Intensivbehandlung schwerbehindert (GOS III, Glasgow Outcome Scale), 36% blieben im vegetativen Status oder verstarben (GOS II/I). Dabei wurde erwartungsgemäß das Langzeitergebnis von dem primären Komagrad bei der Aufnahme beeinflußt: Patienten mit einem Koma III zeigten in 40% einen GOS III und in 60% einen GOS II/I. Ein Koma IV bei der Aufnahme überlegt kein Patient.

Ergebnisse

Zunächst wurde untersucht, welche Parameter bei den evozierten Potentialen mit hinreichender Sicherheit Änderungen des Bewußtseinsgrades wiedergeben. Bei den evozierten Potentialen ergab die Korrelation der einzelnen Parameter (MSEP: N_{14}, N_{20}, der Amplitudenquotient $N_{20}-P_{25}/N_{14}$ sowie die CSCT; BAEP: Interpeaklatenzen I–III und III–V, Amplitudenquotient V/I) mit dem aktuellen Komagrad zum Zeitpunkt der Untersuchung nur für die zentrale Leitungszeit bei den MSEP eine ausreichende Sensitivität und Spezifität: Bei Koma III und IV standen insgesamt 13 pathologische Befunde nur einem Normalwert gegenüber ($p > 0,05$). Die Amplitudenquotienten $N_{20}-P_{25}/N_{14}$ bei den MSEP und V/I bei den BAEP wurden erst ab Koma IV eindeutig pathologisch.

Aufgrund der uneinheitlichen und häufiger vieldeutigen Einzelparameter wurden die Befunde bei den evozierten Potentialen und bei der transkraniellen Dopplersonographie den jeweils 4 verschiedenen oben erwähnten Typen zugeordnet. Der gleichzeitig dabei erhobene Komagrad wurde dazu korreliert (Tabelle 1): Bei Komagrad I traten keine schweren pathologischen Veränderungen bei den MSEP und dem TCD auf; die Befunde der BAEP waren dabei jedoch schon uneinheit-

Tabelle 1. Komagrad und EP-/TCD-Typ

	MSEP-Typ				BAEP-Typ				TCD-Typ			
	1	2	3	4	1	2	3	4	1	2	3	4
ø Koma	3	1	0	0	6	1	1	0	13	2	0	0
Koma I°	5	3	0	0	2	3	2	1	8	0	0	0
Koma II°	15	26	8	2	20	21	14	7	60	21	0	0
Koma III°	3	10	0	1	6	5	3	1	7	14	3	1
Koma IV°	1	3	0	2	0	4	1	2	5	5	0	4

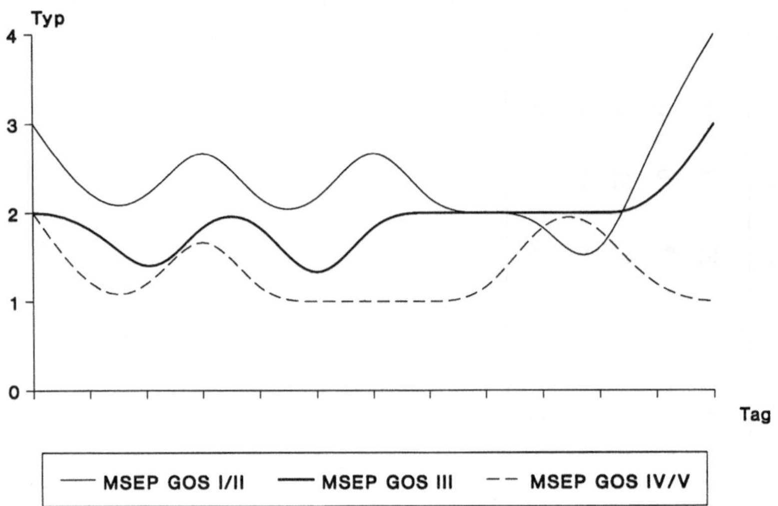

Abb. 1. MSEP-Befunde im Verlauf des Komas bei den 3 verschiedenen Patientengruppen (22 Patienten; 13 Tage Beobachtungszeit) mit jeweils einem GOS IV/V, GOS III und GOS I/II. Die am jeweiligen Untersuchungstag erhobenen Befunde wurden einem der 4 verschiedenen Typen zugeordnet und für die jeweilige Patientengruppe gemittelt. Die schweren klinischen Verläufe waren schon frühzeitig von den Patienten mit GOS IV/V abzugrenzen

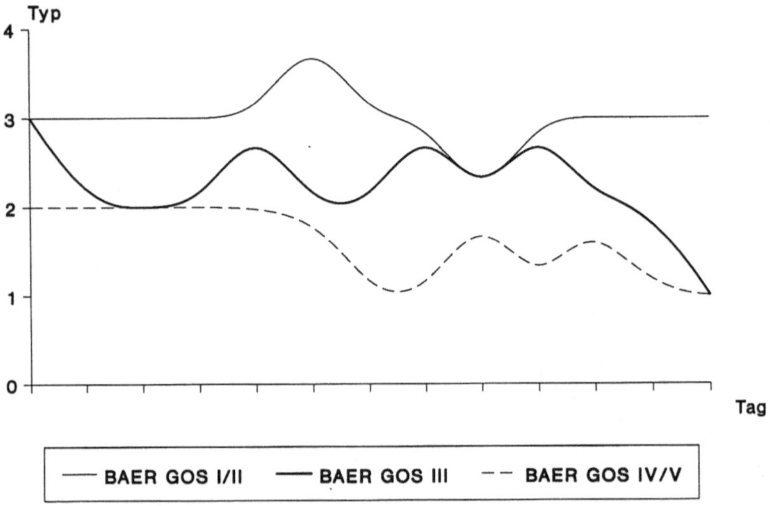

Abb. 2. BAER-Befunde im Verlauf des Komas bei den 3 verschiedenen Patientengruppen (22 Patienten; 13 Tage Beobachtungszeit) mit jeweils einem GOS IV/V, GOS III und GOS I/II. Die am jeweiligen Untersuchungstag erhobenen Befunde wurden einem der 4 verschiedenen Typen zugeordnet und für die jeweilige Patientengruppe gemittelt. Patienten mit GOS III zeigten gegen Ende der Beobachtungszeit nur unwesentlich schlechtere BAEP-Befunde als die nur leicht oder nicht behinderten Patienten, so daß sie eine geringere prognostische Aussagekraft als die MSEP zu haben scheinen

lich. Bei höheren Komagraden wurden bei den MSEP und dem TCD nur teilweise pathologische Befunde erhoben. Im Koma IV wurden jeweils einmal bei den MSEP und 5mal bei der TCD Normalbefunde gefunden. Andererseits zeigten die BAEP bei diesem Komagrad immer pathologische Veränderungen.

Zur Beurteilung der prognostischen Aussagekraft der jeweiligen EP- und TCD-Untersuchungsergebnisse wurden die Verlaufsbefunde bei den 4 Patienten mit GOS IV/V, den 10 Patienten mit GOS III sowie den 8 Patienten mit GOS I/II für die entsprechenden Untersuchungstage zusammengefaßt. Der zeitliche Ablauf der EP- und TCD-Befunde ließ in verschiedenem Ausmaß prognostische Rückschlüsse auf das Langzeitergebnis zu: Bei der transkraniellen Dopplersonographie zeigten sich nur für die Patientengruppe mit dem schlechtesten Langzeitergebnis und dann erst in den letzten Tagen eine eindeutige Verschlechterung des TCD-Typs. Sowohl bei den sensibel (Abb. 1) als auch bei den akustisch evozierten Potentialen (Abb. 2) wiesen die Befunde bei den 3 verschiedenen Patientengruppen schon frühzeitig jeweils relativ eindeutige Zuordnungen zu einem entsprechenden EP-Typ auf. Dabei fiel auf, daß die Patienten mit schwerer Behinderung gegen Ende der Beobachtungszeit deutlich bessere Befunde bei den akustisch evozierten als bei den sensibel evozierten Potentialen zeigten.

27 Transkranielle Dopplersonographie und motorisch evozierte Potentiale im Vorfeld des zerebralen Kreislaufstillstandes

R. Burger, V. Rohde, J. Zentner und W. Hassler

Einleitung

Eigene Erfahrungen mit der transkraniellen elektrischen Kortexstimulation und Ableitung elektromyographischer Antworten (motorisch evozierte Potentiale, MEP) [5] bei traumatisch und nichttraumatisch komatösen Patienten zeigten die außerordentliche Stabilität von MEP, die oftmals bis kurz vor Eintritt des Hirntodes nachweisbar sind [6]. Mit Verfügbarkeit der transcraniellen Dopplersonographie (TCD) ist erstmals eine nichtinvasive Registrierung der Flußgeschwindigkeiten im Bereich der basalen Hirngefäße mit semiquantitativer Beurteilung der Hirndurchblutung im Stadium des erhöhten intrakraniellen Druckes (ICP) möglich [1]. In Abhängigkeit vom ICP kommt es zu charakteristischen Änderungen der Dopplersignale [4]. Ziel der vorliegenden Untersuchungen war es, durch Vergleich beider Untersuchungstechniken (MEP und TCD) eine Aussage darüber zu erhalten, wie sich die Potentialbefunde in Abhängigkeit von der zerebralen Durchblutungssituation bei der Entwicklung bis hin zum zerebralen Kreislaufstillstand verhalten.

Patienten und Methoden

Bei 65 Patienten (37 männlich, 28 weiblich) im Alter zwischen 2 und 89 Jahren (Durchschnittsalter 41 Jahre) wurden insgesamt 115 TCD- und MEP-Untersuchungen durchgeführt. Alle Patienten waren komatös, intubiert, wurden kontrolliert beatmet und verstarben schließlich an den Folgen einer intrakraniellen Drucksteigerung. Ursache des Komas war in 46 Fällen ein schweres Schädel-Hirn-Trauma, in 11 Fällen eine spontane intrazerebrale Blutung. Bei 7 Patienten lag eine schwere Subarachnoidalblutung vor, ein weiterer Patient hatte einen malignen hirneigenen Tumor.

Die stets bilateral durchgeführte dopplersonographische Untersuchung der A. carotis interna (ICA) und A. cerebri media (MCA) erfolgte unter Verwendung eines 2 MHz gepulsten Dopplersystems (TC 2–64, E.M.E., Überlingen) über ein temporales Knochenfenster [1]. Die erhaltenen Dopplersignale wurden in 3 Typen eingeteilt. Typ I bedeutet Widerstandsfluß mit Reduktion der diastolischen Flußgeschwindigkeiten. Der Typ II ist gekennzeichnet durch einen fehlenden diastolischen Fluß auf einer oder beiden Seiten bzw. systolischen Peaks. Typ III ent-

Steudel et al. (Hrsg.)
Evozierte Potentiale im Verlauf
© Springer-Verlag Berlin Heidelberg 1993

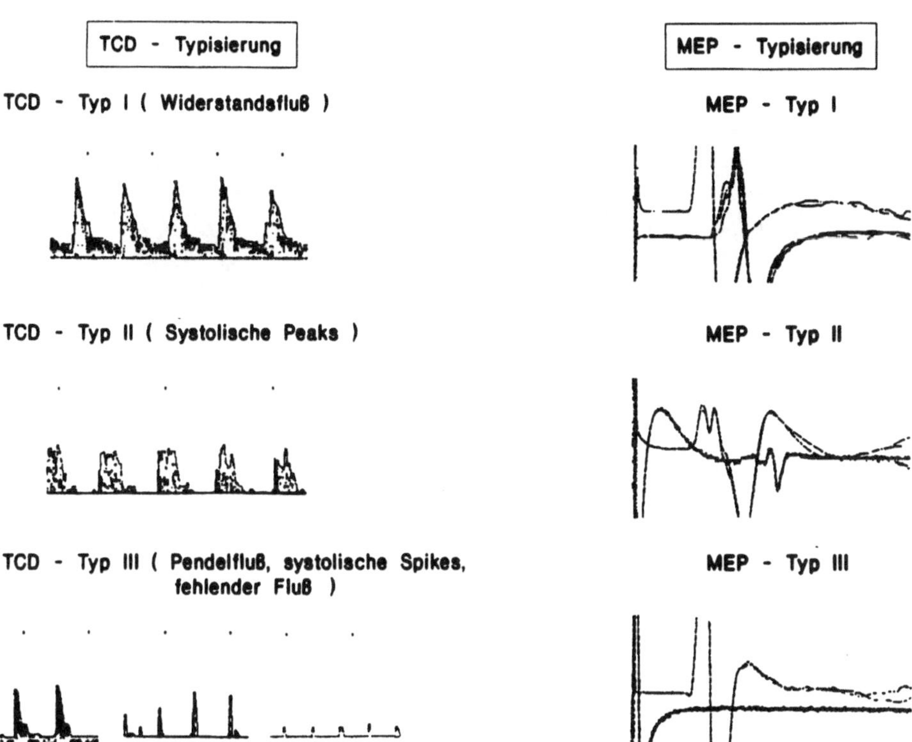

Abb. 1. Typisierung der MEP- und TCD-Befunde beim zerebralem Kreislaufstillstand

spricht einem oszillierenden Flußbild (Pendelfluß), systolischen Spikes oder fehlenden Dopplersignalen.

MEP wurden ausgelöst durch transkranielle elektrische Reizung des motorischen Handfeldes. Die Stimulationsstärke wurde stufenweise erhöht, bis ein eindeutiges Antwortpotential vom kontralateralen M. abductor digiti minimi registriert oder dessen Fehlen trotz einer maximalen Stimulationsstärke von 750 V dokumentiert werden konnte. Die periphere Reizung erfolgte in Höhe des Zwischenwirbelraumes HWK 6/7 (Digitimer D 180). In Abhängigkeit vom Vorhandensein oder Fehlen elektromyographischer Antworten und dem Verhalten der zentralen motorischen Überleitungszeit (CMCT) wurden die MEP-Befunde in 3 Typen eingeteilt. Typ I bedeutet bilateral erhaltene Potentiale nach zentraler Reizung bei normaler CMCT. Beim Typ II ist der CMCT auf mehr als 6,0 ms ein- oder beidseitig verlängert. Typ III ist gekennzeichnet durch beidseits fehlende EMG-Antworten. Abbildung 1 zeigt die verwendeten MEP- und TCD-Typen.

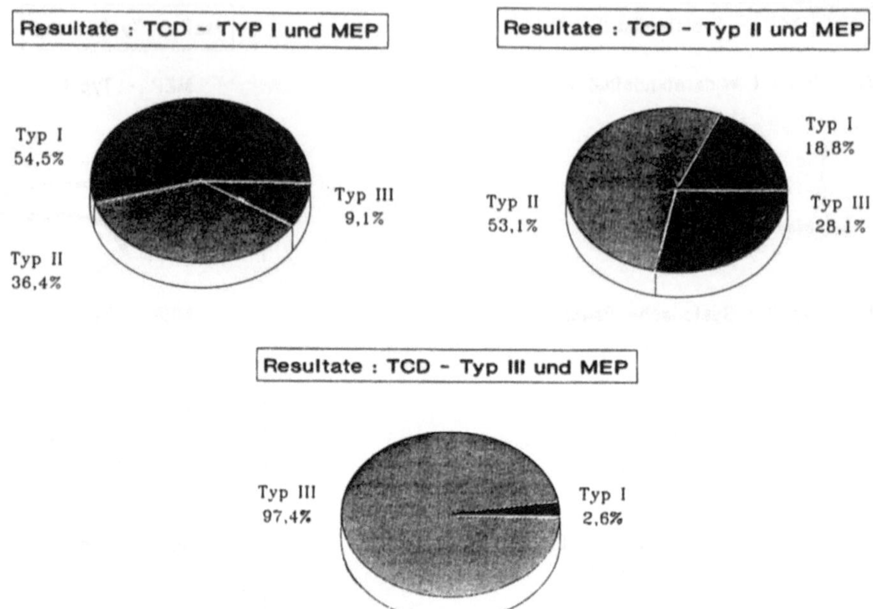

Abb. 2. Ergebnisse der motorischen Potentialbefunde in Abhängigkeit vom TCD-Typ

Ergebnisse

In Abb. 2 sind unsere MEP- und TCD-Befunde in Kombination dargestellt. Beim TCD-Typ I mit Widerstandsflußbild waren in 54,5% normale MEP (Typ I), in 36,4% ein- oder beidseitig verzögerte Antworten (Typ II) und in 9,1% keine motorischen Antworten (Typ III) registrierbar. Auch bei maximaler Reduktion der Hirndurchblutung entsprechend dem TCD-Typ II waren noch in 18,8% normale MEP vorhanden. In 53,1% der Fälle war die CMCT ein- oder beidseitig verlängert, und in 28,1% waren die motorischen Antworten bilateral erloschen. Nach Eintritt des zerebralen Kreislaufstillstandes (TCD-Typ III) waren mit Ausnahme eines einzelnen Falls keine MEP registrierbar. In Abb. 3 ist ein typisches Beispiel dargestellt.

Diskussion

Unsere Ergebnisse zeigen eine enge Korrelation zwischen TCD- und MEP-Befunden im Vorfeld des zerebralen Kreislaufstillstandes. Bei reduziertem diastolischen Fluß konnten in 90,9% der Fälle motorische Antwortpotentiale registriert werden. Auch bei aufgehobenen diastolischen Flußgeschwindigkeiten als Zeichen einer minimalen Restdurchblutung waren noch in 71,9% der Fälle MEP registrierbar, jedoch waren hier die Potentiale in der Regel pathologisch verändert. Bei doppler-

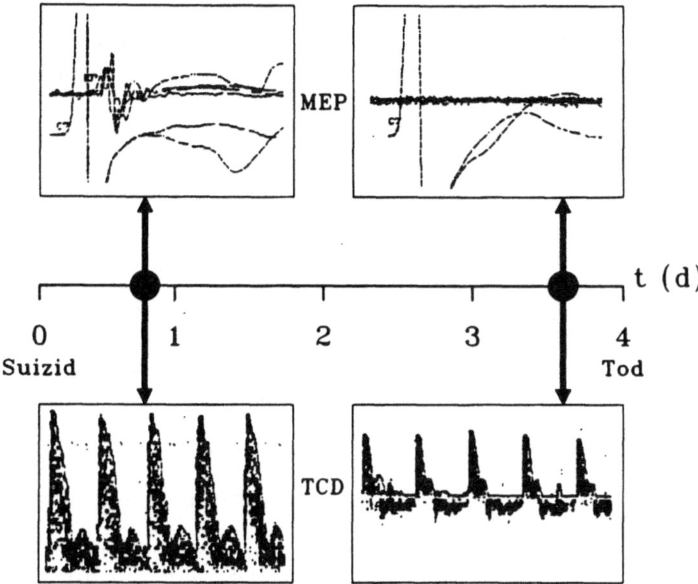

Abb. 3. MEP- und TCD-Befunde bei einem 16jährigen Patienten nach Bolzenschußverletzung in suizidaler Absicht. Bei der Erstuntersuchung bestand dopplersonographisch ein Widerstandsflußbild (Typ I). Zu diesem Zeitpunkt waren die motorischen Antwortpotentiale beidseits erhalten, jedoch bei verlängerter CMCT (Typ II). Vier Tage später bestand dopplersonographisch ein beidseitiger Pendelfluß (Typ III), einhergehend mit bilateral erloschenen motorischen Antworten (Typ III)

sonographischen Zeichen des zerebralen Kreislaufstillstandes (Pendelfluß, systolische Spikes oder fehlender Fluß) waren mit Ausnahme eines einzelnen Falles keine motorischen Antworten mehr registrierbar.

Der beobachtete Fall mit erhaltenem MEP bei dopplersonographisch nachgewiesenem Pendelfluß erscheint ungewöhnlich. Es handelt sich hier um einen 27jährigen Mann mit einer subarachnoidalen und begleitenden intrazerebralen Blutung infolge Ruptur eines Mediaaneurysmas. Vier Tage nach Clipausschaltung des Aneurysmas bestanden die klinischen Zeichen des dissoziierten Hirntodes. Zu diesem Zeitpunkt war dopplersonographisch beidseits ein Pendelfluß registrierbar, während die transkraniell ausgelösten MEP unauffällig waren. Möglicherweise kam es infolge des Trepanationsdefektes (obwohl der Knochendeckel reimplantiert war) zu einer lokal erhöhten Ladungsdichte mit Reizung tiefliegender nervaler Strukturen [2, 3]. Eine infratentorielle Restzirkulation könnte in Verbindung damit die Auslösbarkeit motorischer Antworten ermöglicht haben.

Zusammenfassend zeigen unsere Ergebnisse, daß zur Auslösbarkeit von motorischen Antworten nach transkranieller elektrischer Reizung nur eine minimale zerebrale Restdurchblutung erforderlich ist. Diese Befunde weisen darauf hin, daß es mit dieser Stimulationstechnik möglich ist, tiefliegende Strukturen direkt zu erregen. Es bleibt jedoch hervorzuheben, daß diese Befunde nur bei supratentoriellen

Läsionen, die zu einer sekundären Hirnstammschädigung führten, beobachtet wurden. Im Falle primärer Hirnstammläsionen wären durchaus andere Ergebnisse zu erwarten, etwa reduzierte oder fehlende motorische Antworten bei weitgehend unauffälligen dopplersonographischen Befunden.

Literatur

1. Aaslid R, Markwalder TM, Nornes HC (1982) Noninvasive transcranial Doppler ultrasound recording of flow velocity in basal cerebral arteries. J Neurosurg 57:769–774
2. Agnew WF, McCreery DB (1987) Considerations of safety in the use of extracranial stimulation for motor evoked potentials. Neurosurgery 20:143–147
3. Day BL, Thompson PD, Dick JP, Nakashima K, Marsden CD (1987) Different sites of action of electrical and magnetic stimulation of human brain. Neurosci Lett 75:101–106
4. Hassler W, Steinmetz H, Gawlowski J (1988) Transcranial Doppler ultrasonography in raised intracranial pressure and in intracranial circulatory arrest. J Neurosurg 68:745–751
5. Merton PA, Morton HB (1980) Stimulation of the cerebral cortex in the intact human subject. Nature 285:227
6. Zentner J (1988) Motorisch evozierte Potentiale bei der prognostischen Beurteilung traumatisch und nicht-traumatisch komatöser Patienten. Intensivbehandlung 3:106–110

28 SEP- und MEP-Verlaufsuntersuchungen bei traumatischem und nichttraumatischem Koma

V. Rohde und J. Zentner

Einleitung

Die klinische Beurteilbarkeit komatöser Patienten wird durch die vielfach übliche Verabreichung von Sedativa während der intensivmedizinischen Behandlung wesentlich eingeschränkt. Daher wurden während der vergangenen Jahre vermehrt elektrophysiologische Tests herangezogen, unter denen sich evozierte Potentiale besonders bewährt haben [1–6]. Unklar ist dagegen die Frage, inwieweit sich diese Techniken zur Verlaufsbeurteilung eignen. Um diese Frage zu klären, wurden 62 traumatisch und nichttraumatisch komatöse Patienten mit SEP und MEP im Verlauf untersucht, die Potentialbefunde wurden mit der Entwicklung des klinischen Status in Beziehung gesetzt.

Patienten und Methoden

Untersucht wurden insgesamt 62 Patienten im Alter zwischen 2 und 77 Jahren (Durchschnittsalter 33 Jahre). Alle waren komatös mit einem Glasgow Coma Score [7] zwischen 3 und 8, intubiert und wurden kontrolliert beatmet. Ursache des Komas war in 42 Fällen ein schweres Schädel-Hirn-Trauma, in 20 Fällen lag eine nichttraumatische Ursache vor (Subarachnoidalblutung, intrazerebrale Massenblutung, Hypoxie).

SEP wurden nach Stimulation des N. medianus am Handgelenk zweikanalig über dem kontralateralen sensorischen Handfeld (C3' bzw. C4') und dem oberen Zervikalmark (C2) unter Verwendung einer frontalen Referenz bei Fz registriert. Die zentrale sensible Überleitungszeit (CSCT) wurde aus der Differenz der kortikal (N20) und zervikal (N13) bestimmten Latenzzeiten errechnet. Eine CSCT von bis zu 6,5 ms wurde als normal angesehen. MEP wurden ausgelöst durch transkranielle elektrische (Digitimer D 180) und magnetoelektrische (Magstim 200; 1,5 T) Stimulation des motorischen Handfeldes. Die Ableitung elektromyographischer Antworten erfolgte vom kontralateralen M. abduktor digiti minimi (ADM). Die periphere Leitungszeit wurde stets durch elektrische Reizung der Vorderwurzeln in Höhe HWK 7/BWK 1 bestimmt. Aus der Latenzdifferenz zwischen zentraler und peripherer Reizung wurde die zentrale motorische Überleitungszeit (CMCT) errechnet. Als normal wurde eine CMCT von bis zu 6,5 ms (elektrische Stimulation) und 10,5 ms (magnetoelektrische Stimulation) angesehen.

Steudel et al. (Hrsg.)
Evozierte Potentiale im Verlauf
© Springer-Verlag Berlin Heidelberg 1993

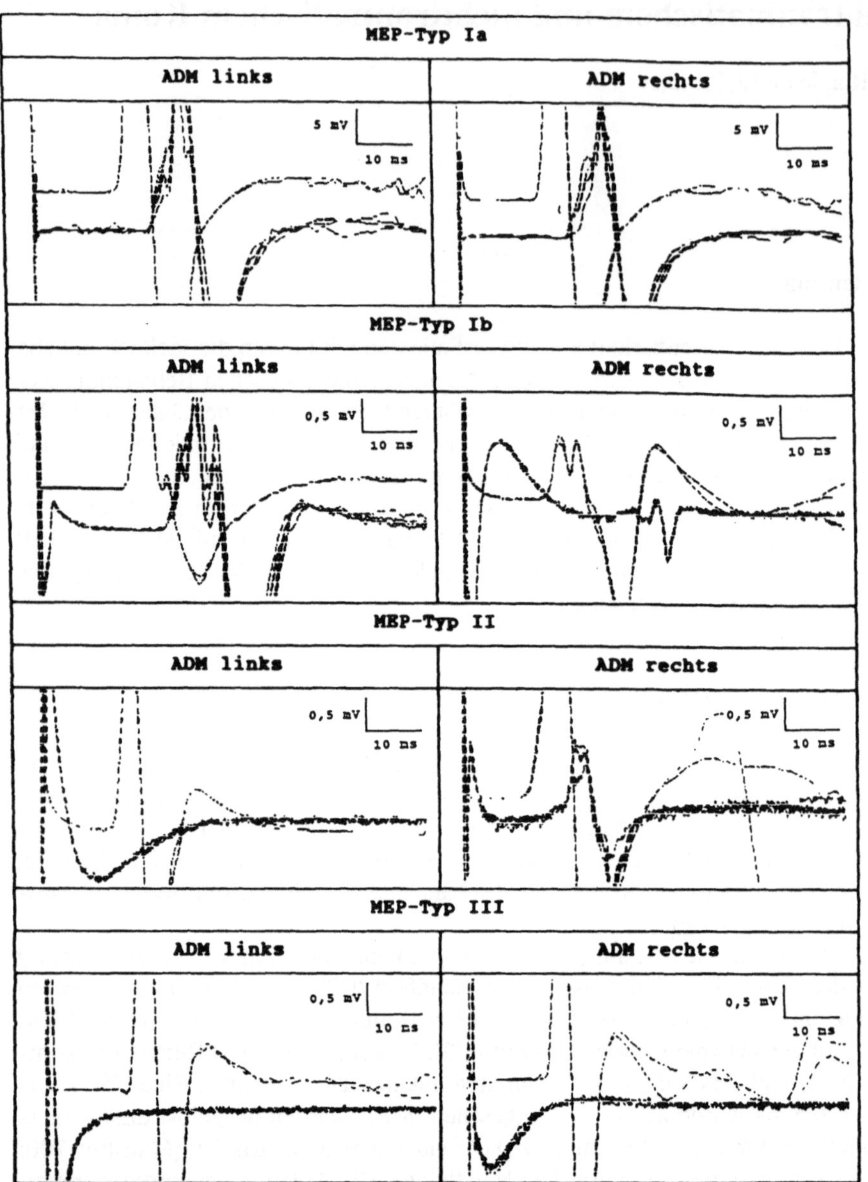

Abb. 1. Typisierung der MEP-Befunde (SEP wurden entsprechend kategorisiert). Typ Ia: Beidseits erhaltene Reizantworten, normale zentrale Überleitungszeit. Typ Ib: Beidseits erhaltene Antworten, uni- oder bilateral verzögerte zentrale Überleitungszeit. Typ II: Einseitig fehlende Antwort. Typ III: Bilateral fehlende Potentiale

Entsprechend dem Vorhandensein bzw. Fehlen der kortikalen bzw. elektromyographischen Reizantworten und der Dauer der zentralen Überleitungszeit wurden die SEP- und MEP-Befunde in 4 Typen kategorisiert (Abb. 1) und mit den zum entsprechenden Untersuchungszeitpunkt erhobenen klinischen Befunden, beurteilt anhand der Glasgow Coma Scale, in Beziehung gesetzt. Alle Patienten wurden in mehrtägigen Abständen bei einer mittleren Beobachtungsdauer von 2 Monaten kontrolliert. Verlaufsuntersuchungen mit SEP waren bei 51, mit MEP bei 55 der 62 Patienten erhältlich. Bei allen diesen 55 mit MEP untersuchten Patienten wurden die elektromyographischen Antworten durch zentrale elektrische, bei 41 davon zusätzlich durch zentrale magnetoelektrische Reizung ausgelöst.

Ergebnisse

Bei 19 von 25 Patienten (76%), die sich klinisch besserten, blieben die SEP-Befunde konstant. In jeweils 3 Fällen (12%) war eine Besserung bzw. Verschlechterung der SEP festzustellen. 23 der 36 klinisch gebesserten Patienten (63,9%) zeigten konstante elektrisch ausgelöste MEP, in 11 Fällen (30,6%) war eine Befundbesserung und in 2 Fällen (5,6%) eine Befundverschlechterung zu beobachten. Nach magnetoelektrischer zentraler Reizung waren im Falle einer klinischen Befundbesserung 12 der 27 Ableitungen (44,4%) unverändert, bei weiteren 12 Patienten (44,4%) zeigte sich eine Befundbesserung und in 3 Fällen (11,2%) eine Verschlechterung der Potentialbefunde (Abb. 2).

Die Konstanz der klinischen Symptomatik ging in 24 von 33 Fällen (72,7%) mit einer Konstanz der SEP-Befunde einher. Bei 6 Patienten (18,2%) war eine

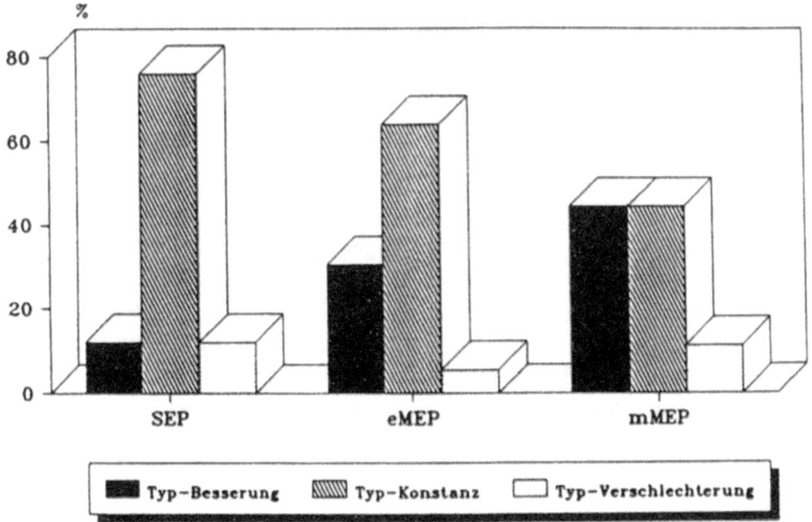

Abb. 2. Klinisch-neurologische Verbesserung und Potentialverlauf. Dargestellt sind die Ergebnisse von 40 klinischen und elektrophysiologischen Verlaufsuntersuchungen

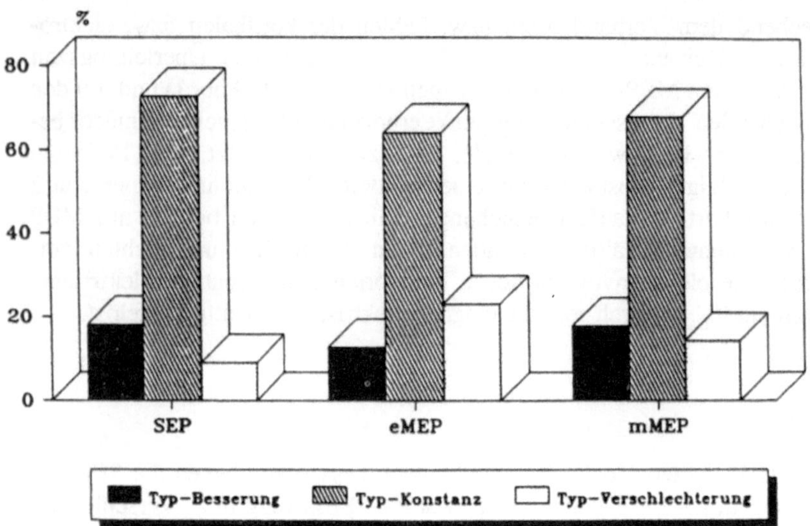

Abb. 3. Klinisch-neurologische Konstanz und Potentialverlauf. Dargestellt sind die Ergebnisse von 44 klinischen und elektrophysiologischen Verlaufsuntersuchungen

Besserung, bei 3 Patienten (9,1%) eine Verschlechterung der somatosensiblen Potentialbefunde festzustellen. Elektrisch ausgelöste MEP zeigten im Falle der Konstanz der klinischen Symptomatik in 25 von 39 Fällen (64,1%) unveränderte Befunde. Eine Besserung elektrisch ausgelöster MEP zeigte sich bei 5 (12,8%), eine Verschlechterung bei 9 (23,1%) Patienten. 19 von 28 Patienten (67,9%), die im Verlauf klinisch unverändert blieben, zeigten konstante magnetoelektrisch ausgelöste MEP. In 5 Fällen (17,8%) war eine elektrophysiologische Befundbesserung, in 4 Fällen (14,3%) eine Verschlechterung zu beobachten (Abb. 3).

Die Verschlechterung des klinischen Zustandes korrelierte bei 2 von 12 Patienten (16,8%) mit einer Konstanz der SEP-Befunde, in 10 Fällen (83,4%) ging sie mit einer Verschlechterung der somatosensiblen Potentialbefunde einher. Eine Besserung der SEP war hier dagegen in keinem Fall zu beobachten. Elektrisch ausgelöste MEP verschlechterten sich in 13 von 17 Fällen (76,5%) im Falle einer klinischen Verschlechterung, 4 Patienten (23,5%) zeigten währenddessen konstante Potentialbefunde. Eine Besserung elektrisch ausgelöster MEP war jedoch bei klinischer Verschlechterung in keinem Fall zu beobachten. 7 von 9 Patienten (77,8%) zeigten bei klinischer Verschlechterung eine Verschlechterung der magnetoelektrisch ausgelösten MEP, in jeweils 1 Fall (11,8%) war eine Konstanz bzw. Verschlechterung der Potentialbefunde festzustellen (Abb. 4).

Diskussion

Ziel der vorliegenden Studie war es, die Wertigkeit von SEP und MEP bei der Verlaufsbeurteilung traumatisch und nichttraumatisch komatöser Patienten zu de-

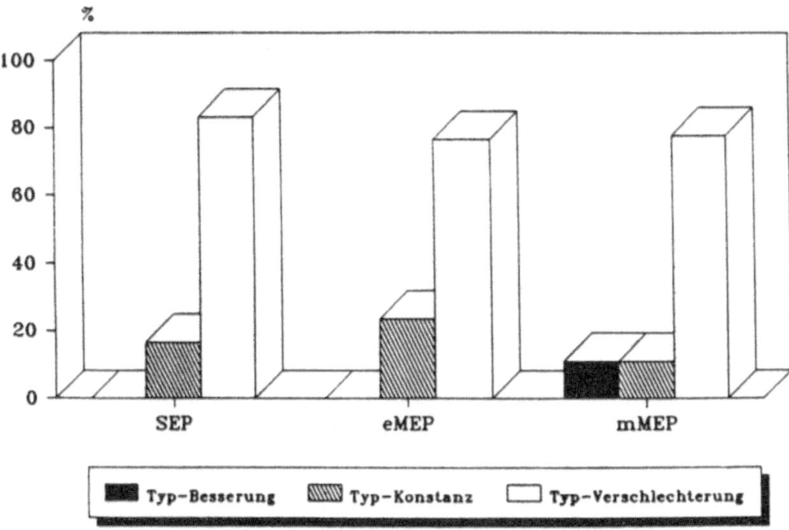

Abb. 4. Klinisch-neurologische Verschlechterung und Potentialverlauf. Dargestellt sind die Ergebnisse von 20 klinischen und elektrophysiologischen Verlaufsuntersuchungen

finieren. Entscheidend war dabei die Frage, inwieweit die Potentialbefunde mit der Entwicklung des klinischen Zustandes korrelieren. Diese Frage ist deshalb von wesentlicher Bedeutung, da komatöse Patienten während der intensivmedizinischen Behandlung in der Regel sediert werden und daher klinisch nur eingeschränkt beurteilbar sind. Elektrophysiologische Tests könnten in dieser Situation eine wertvolle Ergänzung zur klinischen Beurteilung darstellen.

Unsere Ergebnisse zeigen, daß die klinische Besserung nicht zuverlässig mit einer Besserung der sensiblen und motorischen Potentialbefunde einhergeht. SEP und MEP zeigen hier überwiegend eine stabile Konstellation, in einzelnen Fällen wird sogar eine Potentialverschlechterung beobachtet. Die Konstanz der klinischen Symptomatik geht dagegen in der Regel mit einer Stabilität der Potentialbefunde einher, sowohl SEP als auch MEP betreffend. Nur in einzelnen Fällen wurden Potentialänderungen bei klinischer Konstanz beobachtet. Weitgehend zuverlässig wird die klinische Verschlechterung elektrophysiologisch erfaßt: sowohl SEP als auch MEP gehen hier in der Regel mit einer Potentialverschlechterung einher.

Insgesamt besteht allerdings somit nur eine vage Beziehung zwischen dem klinischen und elektrophysiologischen Verlauf. Entscheidende Unterschiede zwischen den untersuchten Modalitäten (SEP vs. MEP) sind nicht zu erkennen. Auch der Auslösemodus elektromyographischer Antworten (elektrisch vs. magnetoelektrisch) beeinflußt die Ergebnisse nicht wesentlich. Eine gewisse Bedeutung der Anwendung von SEP- und MEP-Verlaufsuntersuchungen auf der Intensivstation kann darin gesehen werden, bei neurologisch eingeschränkt beurteilbaren Patienten eine klinische Verschlechterung frühzeitig zu erfassen, um dann entsprechende diagnostische und therapeutische Maßnahmen rechtzeitig einzuleiten.

Literatur

1. Cant BR, Hume AL, Judson JA, Shaw NA (1986) Reassessment of severe head injury by short latency somatosensory and brainstem auditory evoked potentials. EEG Clin Neurophysiol 65:188–195
2. Greenberg RP, Becker DP, Miller JD, Mayer DJ (1977) Evaluation of brain function in severe human head trauma with multimodality evoked potentials. Part 2. Localization of brain dysfunction and correlation with posttraumatic neurological conditions. J Neurosurg 47:163–177
3. Hume AL, Cant BR, Shaw NA (1979) Central somatosensory conduction time in comatose patients. Ann Neurol 5:379–384
4. Lindsay KW, Carlin J, Kennedy I, Fry J, McInnes A, Teasdale GM (1981) Evoked potentials in severe head injury – analysis and relation to outcome. J Neurol Neurosurg Psychiatry 44:796–802
5. Narayan RK, Greenberg RP, Miller JD, Enas GG, Choi SC, Kishore PRS, Selhorst JB, Lutz HA, Becker DP (1981) Improved confidence of outcome prediction in severe head injury: a multimodality evoked potentials, CT scanning and intracranial pressure. J Neurosurg 54:751–762
6. Rumpl E, Prugger M, Gerstenbrandt F, Hackl JM, Pallua A (1983) Central somatosensory conduction time and short latency evoked potentials in posttraumatic coma. EEG Clin Neurophysiol 56:583–596
7. Teasdale G, Jennett B (1974) Assessment of coma and impaired consciousness. A practical scale. Lancet 2:81–84

29 Verlaufsregistrierungen transkraniell magnetisch evozierter Potentiale bei Bewußtlosigkeit

R. Firsching, S. Wilhelms und R.-D. Hilgers

Die Korrelation evozierter Potentiale bewußtloser Patienten nach Hirnläsionen mit dem Überleben bzw. Versterben ist wiederholt untersucht worden [2, 3]. Besonders somatosensorisch (SEP) und akustisch (AEP) evozierte Potentiale wurden als eng korreliert beschrieben. Über die transkraniell magnetisch-motorisch evozierten Potentiale (TMEP) gibt es erst spärliche Daten [5]. Ziel dieser Arbeit ist die Untersuchung der Korrelation der TMEP mit dem Behandlungsergebnis im Vergleich zu SEP, visuell evozierten Potentiale (VEP), AEP, Komagrad und Alter.

Patienten und Methoden

Zwischen Februar 1989 und April 1991 wurden prospektiv 232 bewußtlose Patienten innerhalb von 48 h nach Auftreten der Bewußtlosigkeit oder Aufnahme untersucht. Registriert wurden TMEP, SEP, VEP, AEP sowie Komagrad [4] und Alter (3–92 Jahre, Median 51 Jahre). Ursache für die Bewußtlosigkeit war ein Schädel-Hirn-Trauma bei 114, eine intrazerebrale Blutung bei 47, eine Subarachnoidalblutung bei 38 und ein Hirntumor bei 28 Patienten; bei 5 Patienten lagen unterschiedliche Ursachen vor. Parameter für die Registrierung von SEP, VEP und AEP wurden bereits beschrieben, für die Ableitung der TMEP wurde ein 1,5-Tesla-18-cm-Spule-Gerät (Fa. Nicolet) benutzt, die EMG-Ableitung (50 ms) erfolgte vom M. abductor pollicis brevis. Nach transkranieller Reizung wurde zervikal und am Plexus brachialis stimuliert, um die Integrität des peripheren Rezeptors zu verifizieren. Die Einteilung der evozierten Potentiale erfolgte wie bereits berichtet [2, 3] in 3 Grade: Grad I entsprach einem normalen Befund, Grad II einem veränderten oder einseitig nicht erhältlichen Befund und Grad III einem beidseits nicht erhältlichen Befund. Statistisch wurden die Ergebnisse in 2 Stufen ausgewertet. Durch den Kendall Rank Test [1] wurde zuerst die Rangfolge zwischen den bestkorrelierten Faktoren mit dem Überleben bzw. Versterben bestimmt. Deskriptiv wurde mit der schrittweisen Diskriminanzanalyse die Korrelation der evozierten Potentiale, des Komagrades und des Alters mit dem Behandlungsergebnis untersucht.

Steudel et al. (Hrsg.)
Evozierte Potentiale im Verlauf
© Springer-Verlag Berlin Heidelberg 1993

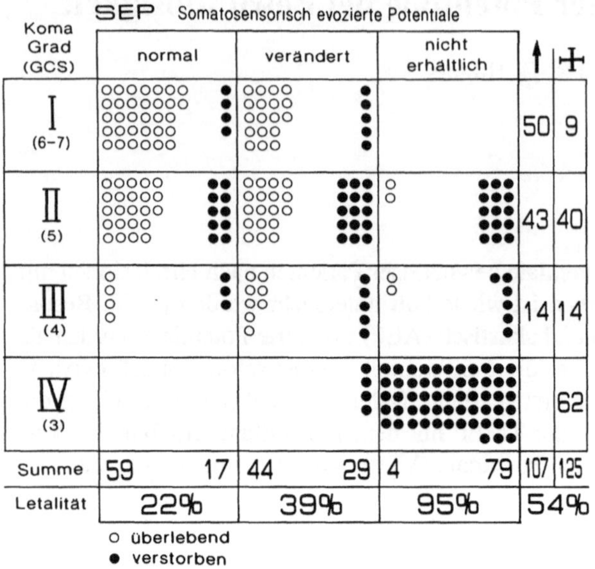

| Koma Grad (GCS) | SEP Somatosensorisch evozierte Potentiale | | | ↑ | ┿ |
	normal	verändert	nicht erhältlich		
I (6–7)	OOOOOO OOOOOO OOOOOO OOOOOO OOOOOO ● ● ● ●	OOOO OOOO OOOO OOO OOO ● ● ● ●		50	9
II (5)	OOOOO OOOOO OOOOO OOOO OOOO ●● ●● ●● ●● ●●	OOOO OOOO OOOO OOO OOO ●●● ●●● ●●● ●●● ●●●	O O ●●● ●●● ●●● ●●● ●●●	43	40
III (4)	O O O O ● ● ●	OO OO OO O O ● ● ● ●	O O ●● ● ● ● ●	14	14
IV (3)		●●●●●●●●●●● ●●●●●●●●●●● ●●●●●●●●●●● ●●●●●●●●●●● ●●●●●●●●●●● ●●●			62
Summe	59 17	44 29	4 79	107	125
Letalität	22%	39%	95%	54%	

O überlebend
● verstorben

Abb. 1. Korrelation zwischen SEP, Komagrad und Überleben/Versterben

Ergebnisse

Das Verhältnis von SEP und Komagrad mit dem Überleben/Versterben ist in Abb. 1, das der TMEP in Abb. 2 dargestellt. Für die Korrelation nach Kendall mit dem Überleben/Versterben ergab sich: 1. SEP (0,576) 2. Komagrad (0,55) 3. TMEP (0,5228) 4. VEP (0,4942) und 5. AEP (0,4816). Unter Ausschluß von Subarachnoidalblutungen erhöhte sich die Korrelation für diese Parameter bei geänderter Rangfolge: 1. SEP – 0,6436, 2. TMEP – 0,5592, 3. Komagrad – 0,5584, 4. VEP – 0,5515 und 5. AEP – 0,5342. Unter Ausschluß von Komagrad IV wurde die Korrelation für alle Parameter ungenauer: 1. SEP – 0,352, 2. TMEP – 0,2922 3. Komagrad – 0,2882 4. VEP – 0,2682 5. AEP – 0,1933. Eine deskriptive Diskriminanzanalyse ergab unter Berücksichtigung von Alter, Komagrad, TMEP und SEP 96 überlebend klassifizierte Patienten unter 107 tatsächlich überlebenden, 32 Patienten verstarben. Von den 104 Patienten, bei denen ein Versterben vorausgesagt wurde, verstarben tatsächlich 93 Patienten, während 11 Patienten überlebten.

274 Verlaufsuntersuchungen bei 110 Patienten konnten zusätzlich durchgeführt werden. Während eine Verschlechterung in der Regel mit einer klinischen Verschlechterung beobachtet werden konnte, wurde das Wiederauftreten anfangs beidseits nicht erhältlicher Reizantworten bei 4 Patienten für die SEP und bei 14 Patienten für TMEP beobachtet.

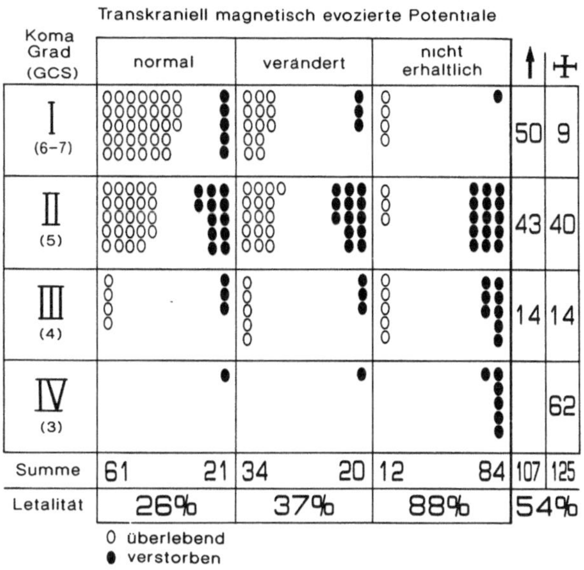

Koma Grad (GCS)	Transkraniell magnetisch evozierte Potentiale			↑	✝
	normal	verändert	nicht erhältlich		
I (6-7)				50	9
II (5)				43	40
III (4)				14	14
IV (3)					62
Summe	61 · 21	34 · 20	12 · 84	107	125
Letalität	26%	37%	88%	54%	

0 überlebend
● verstorben

Abb. 2. Korrelation zwischen TMEP, Komagrad und Überleben/Versterben

Diskussion

In der Literatur werden SEP und die zentrale Überleitungszeit als eng korreliert mit dem Überleben bzw. Versterben beschrieben, VEP und AEP als weniger eng korreliert [2, 3]. Bei der engen anatomischen Nähe der Pyramidenbahn mit der somatosensorischen Bahn ist es nicht erstaunlich, daß sich die TMEP ähnlich eng korreliert erwiesen wie die SEP. Allerdings sind die TMEP-Befunde weniger konstant, da sie bei anfangs nicht erhältlichen Reizantworten häufiger im Verlauf wieder erhältlich wurden, als die SEP. Insgesamt erwiesen sich die SEP besser korreliert mit dem Behandlungsergebnis, als Komagrad. Unter Ausschluß der Subarachnoidalblutungen oder Ausschluß der Patienten in Komagrad IV, also lichtstarren weiten Pupillen, erwiesen sich auch die TMEP besser korreliert als Komagrad.

Die vorliegende Arbeit wurde durch ein Stipendium der Deutschen Forschungsgemeinschaft Fi 390/2-1-857/88 ermöglicht.

Literatur

1. BMDP (1983) Statistical Software. Dixon WJ (ed) University of California Press, Berkeley Los Angeles London
2. Firsching R (1991) Evoked potentials in head injury. In: Vigouroux RP, Frowein RA (eds) Cerebral contusions, lacerations and hematomas. Advances in Neurotraumatology, vol 3. Springer, Wien New York, pp 229–250
3. Firsching R, Frowein RA (1990) Multimodality evoked potentials and early prognosis in comatose patients. Neurosurg Rev 13:141–146

4. Frowein RA, Firsching R (1990) Classification of head injury. In: Braakman R (ed) Handbook of clinical neurology, vol 13 (57). North Holland, Amsterdam, pp 101–122
5. Rohde V, Zentner J (1991) Prognostic value of motor evoked potentials in traumatic and nontraumatic coma. In: Advances in neurosurgery 19. Springer, Berlin Heidelberg New York Tokyo, pp 194–200

30 Hirnstammreflexe im Verlauf

N. Klug und G. Csécsei

Einleitung

Neben der klinischen Untersuchung von Hirnstammreflexen (Pupillenlichtreaktion, Korneal-, Konjunktival-, Glabella- und Masseterreflex) gewinnt deren elektrophysiologische Ableitung zunehmend an Bedeutung; die Aufzeichnung der Hirnstammreflexe ermöglicht eine quantitative Auswertung verschiedener Parameter (Latenz, Amplitude, Dauer, Schwelle, Form, Habituation usw.). Routinemäßig abgeleitet werden Masseter-, Blink- und Glabellareflex. Die Ableitung dieser Reflexe ist einfach. Man erhält einen mono-, oligo- und polysynaptischen Reflex.

Masseterreflex (MR). Der Masseterreflex ist ein monosynaptischer Hirnstammreflex, der mit einem leichten Hammerschlag auf das Kinn ausgelöst wird. Die Reflexantworten können über dem beiderseitigen M. masseter abgeleitet werden (Abb. 1). Die Reflexbahn ist im reizipsilateralen pontomesenzephalen Tegmentum repräsentiert.

Blinkreflex (BR). Der Blinkreflex kann durch elektrische Reizung des N. supraorbitalis ausgelöst werden. Bei einseitiger Reizung kommt es zu einer reizipsilateralen Reflexantwort mit kurzer Latenz, diese Frühantwort (R_1) wird von einer bi-

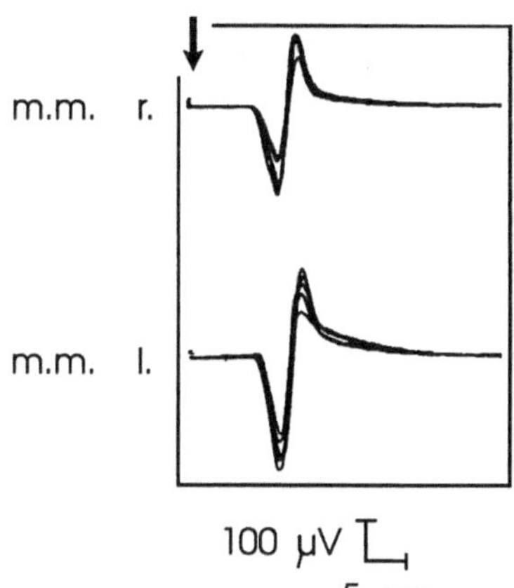

Abb. 1. Normaler Masseterreflex rechts und links. *m.m. r.* Musculus masseter rechts, *m.m. l.* Musculus masseter links

Steudel et al. (Hrsg.)
Evozierte Potentiale im Verlauf
© Springer-Verlag Berlin Heidelberg 1993

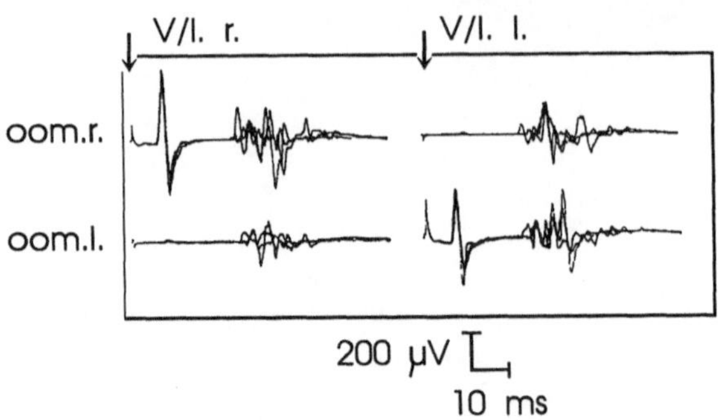

Abb. 2. Normaler Blinkreflex. *V/I. r.* Stimulation des N. supraorbitalis rechts, *V/I. l.* Stimulation des N. supraorbitalis links, *o.o.m. r.* M. orbicularis oculi rechts, *o.o.m. l.* M. orbicularis oculi links. Bei der Stimulation kommt es jeweils reizipsilateral zu einer oligosynaptischen frühen Reflexantwort (R_1) und zu einer bilateralen polysynaptischen Spätantwort (R_2)

lateralen Spätantwort (R_2) gefolgt (Abb. 2). R_1 ist ein oligosynaptischer pontiner Reflex, R_2 ist ein polysynaptischer Reflex mit ausgedehnter Repräsentation im Hirnstamm, in der lateralen Medulla oblongata und im medialen pontinen Tegmentum.

Glabellareflex (GR). Der Glabellareflex wird durch leichtes Klopfen auf die Nasenwurzel ausgelöst. Als Reizerfolg kommt es zu bilateralen Früh-(R_1) und Spät-(R_2)Antworten, die denen des Blinkreflexes sehr ähnlich sind (Abb. 3).

Die Hirnstammreflexe sind feine Indikatoren für die Hirnstammfunktion, ihre Empfindlichkeit übersteigt die von evozierten Potentialen, was Vor- und Nachteile hat. Von Vorteil ist, daß die Reflexbahnen im Hirnstamm weitgehend bekannt sind, wodurch Veränderungen einzelner Reflexparameter eine topodiagnostische Aussage haben. Nachteilig wirkt sich die Beeinflußbarkeit verschiedener Reflexparameter durch unterschiedliche Einflüsse aus (z.B. Vigilanz, Einwirkung von Medikamenten, Erregbarkeit der Muskulatur, intrakranieller Druck usw.); darüber

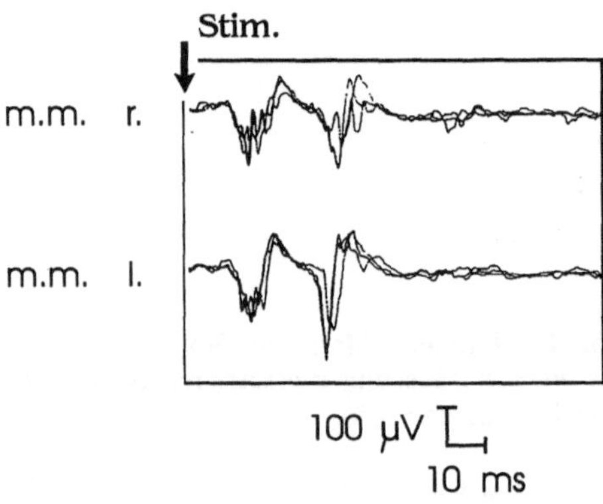

Abb. 3. Normaler Glabellareflex

hinaus beeinflussen technische Parameter, wie z.B. die Impedanz der Elektroden (trockene Haut, subkutanes Fettgewebe usw.) die elektrophysiologisch abgeleiteten Hirnstammreflexe. Aus diesen Gründen ist bei der Ableitung von Hirnstammreflexen die Wiederholung der Untersuchung ganz besonders wichtig, wobei insbesondere auf eine standardisierte Untersuchungstechnik geachtet werden muß. Unter den „nichttechnischen" Faktoren hat die Bewußtseinslage den größten Einfluß auf die Reflexantwort, weshalb die Untersuchung von wachen und bewußtlosen Patienten getrennt erörtert werden muß.

Topodiagnostische Bedeutung der Hirnstammreflexe

Die Kenntnis der anatomischen Repräsentation einzelner Reflexantworten erlaubt bei pathologischen Reflexen Rückschlüsse auf den Schädigungsort. So kann ein pathologischer Masseterreflex auf laterale pontine- oder mesencephale, eine pathologische R_1 des Blinkreflexes auf eine umschriebene pontine und pathologische R_2 des Blinkreflexes auf eine laterale bulbäre oder – bei gewisser Konstellation der Reflexveränderungen – auf eine pontomesencephale tegmentale Schädigung hinweisen. Eine Besserung der Reflexe im Verlauf weist auf eine Abnahme der Schädigung (Kreislaufstabilisierung, Abnahme des Ödems) hin. Umgekehrt kann eine Verschlechterung der Antworten eine Zunahme der Schädigung nachweisen.

Verlaufsuntersuchungen bei komatösen Patienten

Bei Bewußtseinsstörungen zerebraler Genese können die verschiedenen Läsionsebenen des zentralen Nervensystems mit klinischen, radiologischen und elektrophysiologischen Untersuchungen exakt unterschieden werden. Die häufigste Ursache von hypnoiden Bewußtseinsstörungen ist eine ausgedehnte Hirnstammschädigung, insbesondere eine Schädigung der Formatio reticularis und/oder aufsteigender langer Bahnen. Eine andere Ursache kann eine diffuse kortikale Läsion sein (apallisches Syndrom). Eine isolierte komplette Schädigung der efferenten Bahnen wird durch das Syndrom des „akinetischen Mutismus" dargestellt. Letzteres und das sog. Locked-in-Syndrom bei umschriebenem Infarkt des Pons gehören nicht zu den Bewußtseinsstörungen im engeren Sinn. In der Mehrzahl der Fälle findet man kombinierte Läsionen, bei denen das bunte klinische Bild keinem reinen Syndrom entspricht. Die Schädigung des Hirnstamms kann Folge eines Traumas, eines Tumors, Infarktes oder einer intrakraniellen Drucksteigerung sein. Über das klinische Bild hinaus können bei diesen Patienten Wiederholungsuntersuchungen der Hirnstammreflexe wertvolle Informationen über die Dynamik des Krankheitsverlaufes geben. Dabei ist – wie bereits erwähnt – auf eine Standardisierung technischer und nichttechnischer Voraussetzungen bei der Untersuchung zu achten. Bei relaxierten oder stark sedierten Patienten sind die Hirnstammreflexe nicht oder nur sehr eingeschränkt aussagekräftig.

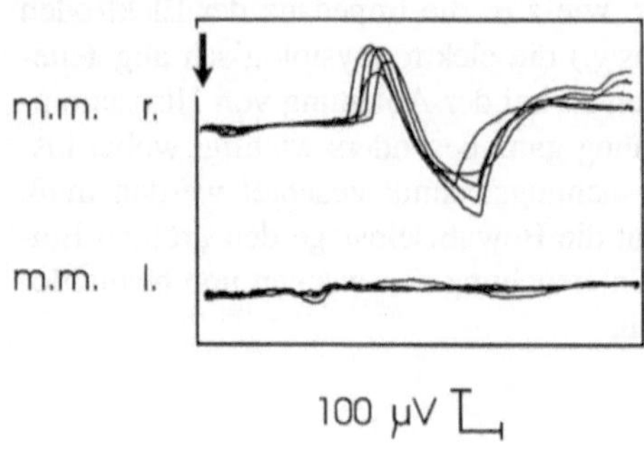

Abb. 4. Masseterreflex bei einem 18jährigen Patienten mit traumatischer Hirnstammblutung (s. Abb. 5)

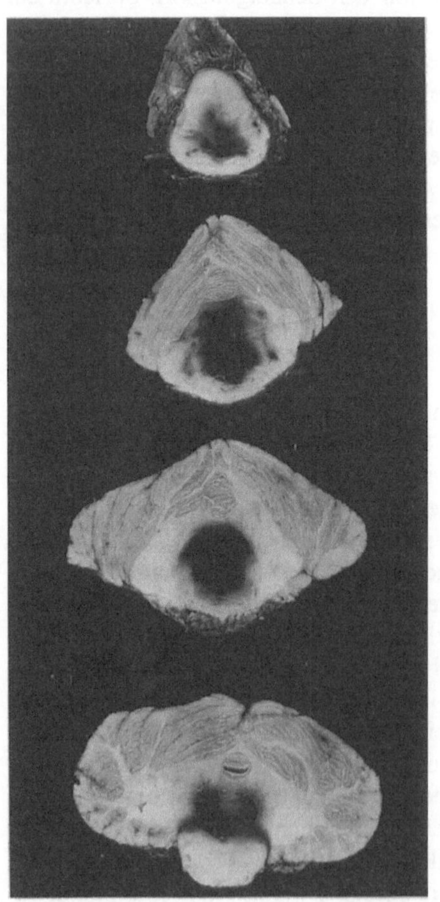

Abb. 5. Traumatische Hirnstammblutung. Patient von Abb. 4

Masseterreflex

Bei adäquaten Reiz- und Ableitungsbedingungen sind die monosynaptischen Reflexe weitgehend stabil. Nur eine vollständige Zerstörung der Bahn kann zu einem Ausfall der Reflexantwort führen. Abbildung 4 zeigt den MR bei einem 18jährigen Patienten mit traumatischer Hirnstammblutung im Stadium des Bulbärhirnsyndroms. Auf der rechten Seite war noch ein pathologischer Reflex mit stark verlängerter Latenz auslösbar, links fehlte er. Der Patient starb einen Tag später. Der Obduktionsbefund zeigte eine zentrale Blutung im unteren Hirnstamm und im Vermis, die Randzonen des Pons und des Mesenzephalon waren anatomisch nicht betroffen (Abb. 5).

Abbildung 6 zeigt den Verlauf bei einem 17jährigen Patienten mit schwerer traumatischer Hirnstammschädigung: Primäres Koma, oberes Dezerebrationssyndrom. Im weiteren Verlauf zunächst weitere klinische Verschlechterung. Nach Abklingen der Hirnschwellung apallisches Syndrom. Die Verlaufsuntersuchungen zeigen eine allmähliche Normalisierung des MR.

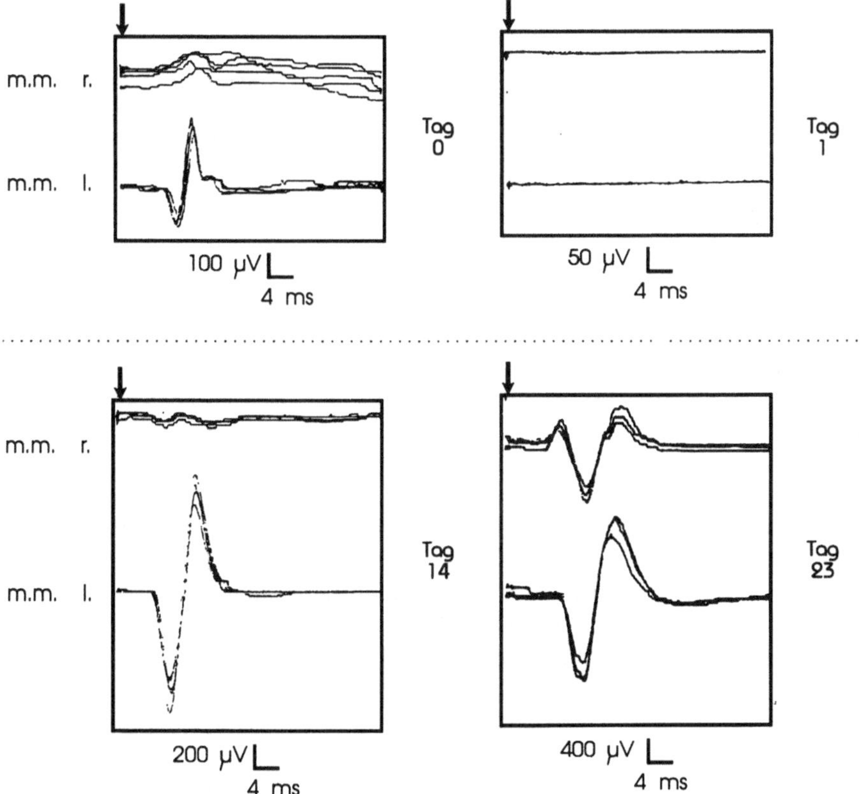

Abb. 6. 17jähriger männlicher Patient mit gedecktem Schädel-Hirn-Trauma und Hirnstammkontusion. Primäres Koma, oberes Dezerebrationssyndrom. Vorübergehende klinische Verschlechterung, Stabilisierung im apallischen Syndrom. Normalisierung der Reflexe nach 4 Wochen

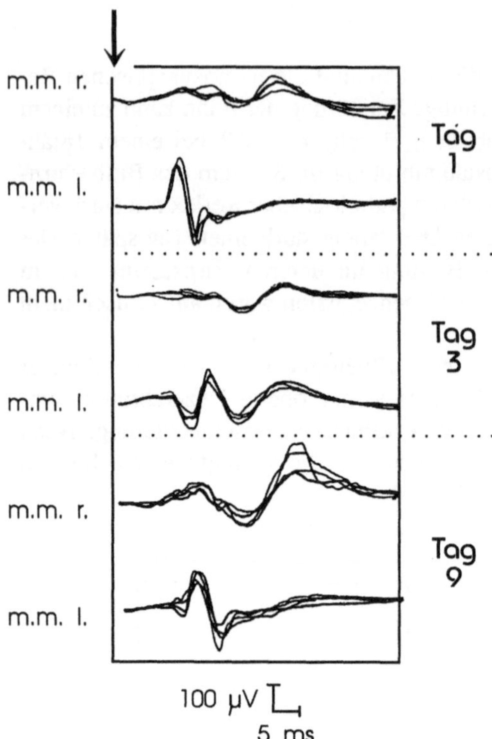

Abb. 7. MR-Befunde bei einem Patienten mit gedecktem Schädelhirntrauma, Kontusionsblutungen rechts-temporal. MR-Befunde bei klinischer Besserung am 1., 3. und 9. Tag nach dem Trauma

Patienten mit supratentoriellen raumfordernden Prozessen, insbesondere in der mittleren Schädelgrube, zeigen pathologische Veränderungen des Masseterreflexes auf der Schädigungsseite.

Abbildung 7 zeigt die MR-Befunde eines Patienten nach gedecktem Schädelhirntrauma mit Kontusionsblutungen rechts-temporal. Vergegenwärtigt man sich die anatomischen Beziehungen des N. trigeminus im hinteren medialen Bereich der mittleren Schädelgrube, so läßt sich leicht ableiten, daß bereits eine beginnende Herniation mediobasaler Schläfenlappenanteile, insbesondere des Uncus und des Gyrus hippocampi zu einer Kompression der Trigeminuswurzel in diesem Bereich führen kann. Bei Hämatomen oder Kontusionsblutungen haben wir pathologische MR-Befunde ohne Okulomotoriusparese geführt, dann war in der Regel der gleichzeitige MR nicht auslösbar.

Blink- und Glabellareflex

Oligo- und insbesondere polysynaptische Reflexe sind empfindlicher als monosynaptische. Bei Veränderungen dieser Reflexe spielt nicht nur eine direkte Schädigung der Reflexbahn, sondern auch ein Ausfall hemmender und fazilitierender Neurone eine wesentliche Rolle. Allein eine intrakranielle Drucksteigerung kann

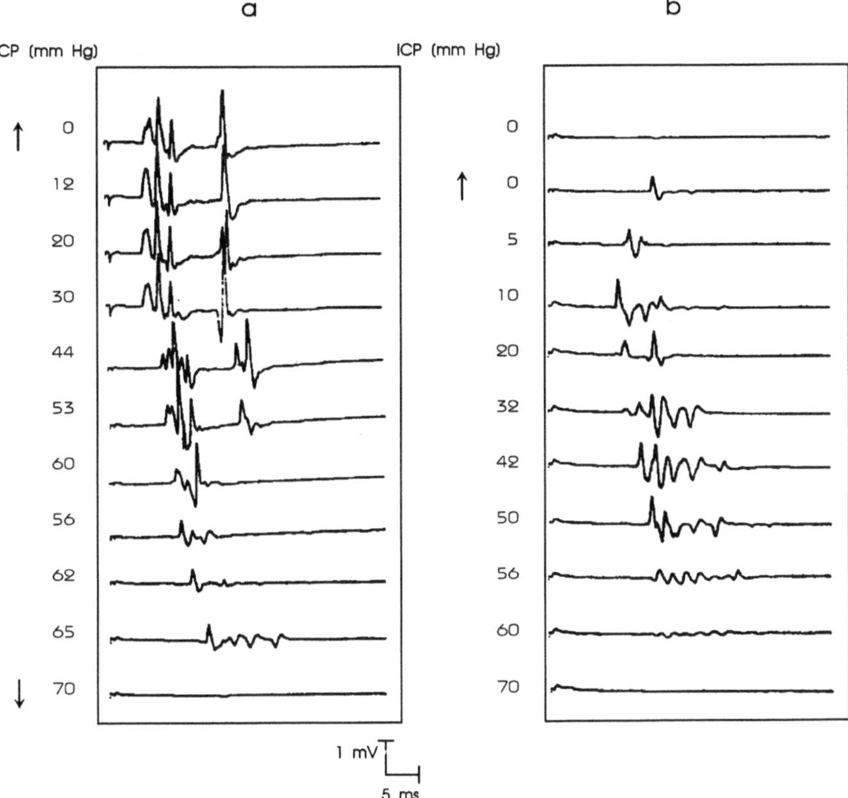

Abb. 8 a, b. Veränderungen des Blinkreflexes während zweimaliger intrakranieller Druck-steigerung. Experimentelle Untersuchung an der Katze durch gerichtete intrakranielle Drucksteigerung (Simulation eines epiduralen Hämatoms). **a** erste intrakranielle Drucksteigerung; **b** zweite Drucksteigerung ↑ Beginn der Drucksteigerung ↓ Druckentlastung

die Parameter von R_1 und R_2 deutlich beeinflussen, wie experimentelle Untersuchungen an der Katze gezeigt haben (Abb. 8).

Eine Verlaufskontrolle des Blinkreflexes bei gedecktem Schädelhirntrauma mit primärer Hirnstammschädigung bei einem 22jährigen männlichen Patienten zeigt Abb. 9. Im Verlauf kommt es zu einer Rückbildung der Spätantworten entsprechend der Bewußtseinsaufhellung, darüber hinaus zu einer Normalisierung der anfangs negativen pontinen Reflexantworten beiderseits.

Abbildung 10 schließlich zeigt den Verlauf des BR, GR und MR bei einem Patienten mit zerebellärem Infarkt und konsekutivem Verschlußhydrozephalus: Nach Anlage einer Ventrikelüberlaufdrainage verschlechterten sich die Hirn-stammreflexe. Erst nach Dekompression der hinteren Schädelgrube und Ausräu-mung des raumfordernden Infarktes kam es zu einer raschen Besserung der Hirn-stammreflexe.

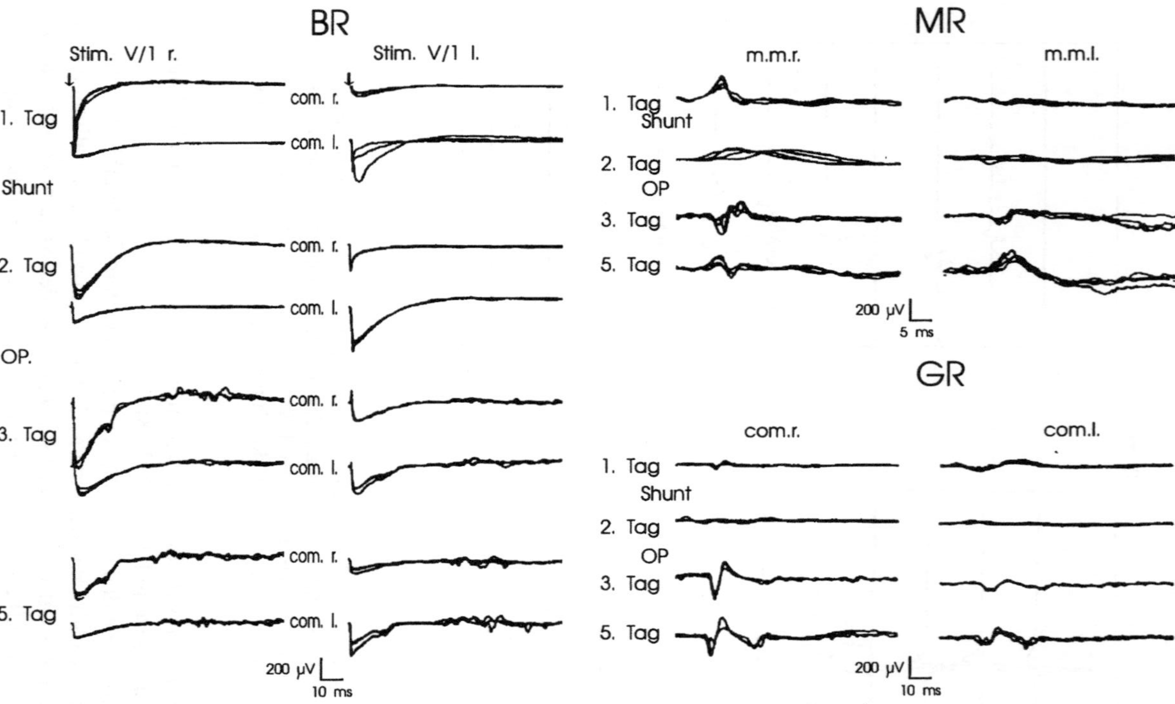

Abb. 9. 22jähriger männlicher Patient. Verlaufskontrolle des Blickreflexes bei gedecktem Schädel-Hirn-Trauma mit primärer Hirnstammschädigung. Rückbildung der Spätantworten entsprechend der Bewußtseinsaufhellung und Normalisierung der anfangs erloschenen pontinen Reflexantworten beiderseits. Anmerkung: Die ersten 3 Ableitungen erfolgten mit Nadelelektroden

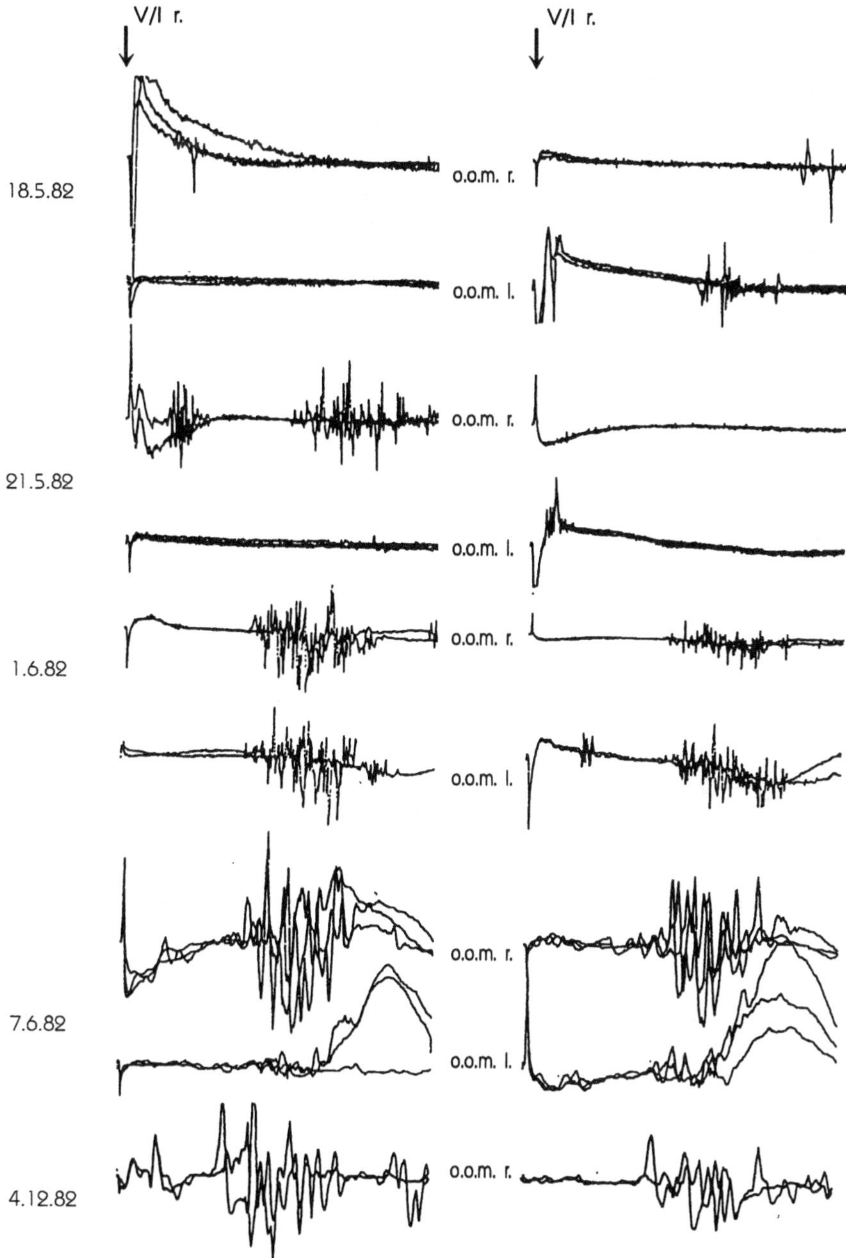

Abb. 10. Patient mit zerebellärem Infarkt. Ableitung der Hirnstammreflexe: Ausgeprägt pathologische Veränderungen der Hirnstammreflexe. Nach „Entlastung" durch eine Ventrikelüberlaufdrainage kommt es initial zu einer Verschlechterung der Hirnstammreflexe. Erst nach Dekompression der hinteren Schädelgrube mit Entfernung des raumfordernden Kleinhirninfarktes kommt es rasch zu einer Besserung der Hirnstammreflexe

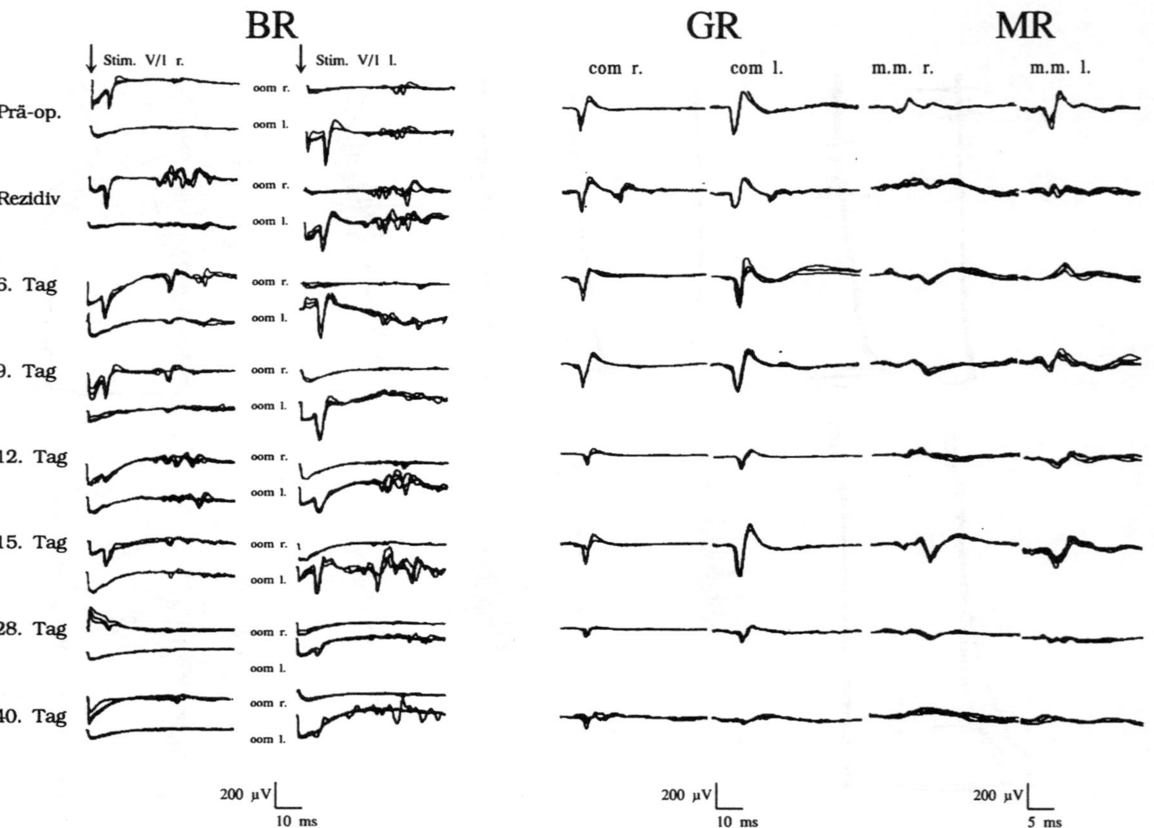

Abb. 11. Veränderungen der Hirnstammreflexe bei einem Patienten mit Glioblastom und Glioblastomrezidiv links-temporal während progredienter Hirnstammeinklemmung

Verlaufsuntersuchungen bei wachen Patienten

Zu dieser Gruppe zählen wir Patienten, bei denen die Ableitung von Hirnstammreflexen wegen einer chronischen Läsion des zentralen Nervensystems erfolgt, bei denen aber zum Zeitpunkt der Untersuchung keine Bewußtseinsstörung vorliegt. Bei diesen Patienten sind Hirnrinde und Formatio reticularis funktionsfähig. Kommt es bei einer bekannten Läsion des Hirnstamms zu einer Änderung der wiederholt abgeleiteten Reflexe, so spricht dies für eine Ausdehnung der zugrundeliegenden Läsion. Auf diese Weise kann man z.B. das Wachstum invasiver Tumoren verfolgen (Abb. 11). Umgekehrt läßt sich eine postoperative Besserung zerebraler Funktionen nachweisen (Abb. 12).

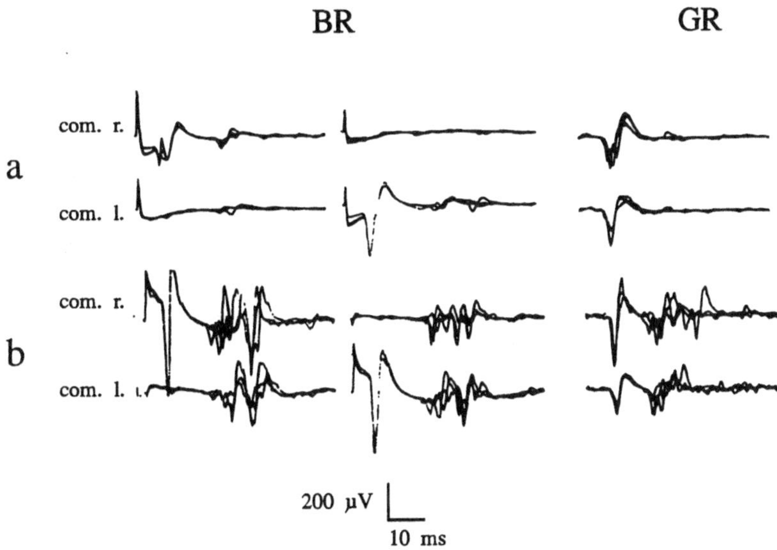

Abb. 12 a, b. BR und GR bei zystischem Gliom des kranio-zervikalen Übergangs. **a** präoperativ, **b** postoperativ

31 Praktikabilität evozierter Potentiale bei 97 Hirntodverläufen

R. Firsching, R. A. Frowein, S. Wilhelms und F. Bucholz

Evozierte Potentiale sind wiederholt bei der Entwicklung des Hirntodes untersucht worden [1], aber das genaue zeitliche Verhältnis im Vergleich zum Apnoetest ist kaum bekannt, obwohl das schrittweise Erlöschen der frühen akustisch evozierten Potentiale (BAEP) erst *nach* der Dokumentation der Apnoe als Bestätigung zum Nachweis der Irreversibilität des Hirnfunktionsausfalls gewertet werden kann (Wissenschaftlicher Beirat). In der vorliegenden Arbeit wird das zeitliche Verhalten evozierter Potentiale bei der Entwicklung des Hirntodes analysiert.

Patienten und Methoden

In einer prospektiven Studie wurden bei 281 bewußtlosen Patienten somatosensorisch (SEP), visuell (VEP) und frühe akustisch evozierte Potentiale (BAEP) innerhalb von 48 h nach Auftreten der Bewußtlosigkeit oder Aufnahme registriert. Von diesen kam es bei 97 Patienten zum Hirntod entsprechend den vom „Wissenschaftlichen Beirat" [2] der Bundesärztekammer empfohlenen Richtlinien. Es handelte sich um 48 Schädel-Hirn-Verletzungen, 21 Subarachnoidalblutungen, 16 intrazerebrale Blutungen, 7 Hirntumoren und 5 weitere Ursachen. Bei allen Patienten wurde ein Apnoetest durchgeführt nach Feststellung von Koma und Hirnnervenareflexie; in allen Fällen wurde hiermit der Atemstillstand festgestellt. Evozierte Potentiale aller drei Modalitäten wurden mindestens einmal bei allen Patienten aufgezeichnet. Das zeitliche Verhältnis im Vergleich zum Apnoetest ist in Tabelle 1 aufgeführt. Die technischen Parameter für die Registrierung evozierter Potentiale wurden bereits beschrieben [1].

Ergebnisse

SEP. Die zervikale Ableitung gegen eine zephale Referenz zeigte eine noch erhaltene Reizantwort bei 34 von 65 Patienten nach Apnoetest. Das primäre Fehlen einer kortikalen Reizantwort vor dem Apnoetest lag bei 44 von 87 Patienten vor, das schrittweise Erlöschen anfangs erhältlicher kortikaler SEP wurde bei 26 von 55 Patienten dokumentiert.

Steudel et al. (Hrsg.)
Evozierte Potentiale im Verlauf
© Springer-Verlag Berlin Heidelberg 1993

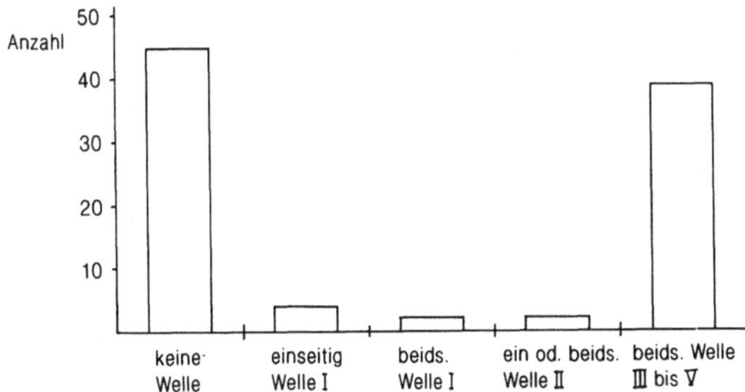

Abb. 1. In der Mehrzahl der Patienten mit Hirntodverläufen fehlt bereits in der Erstuntersuchung die Welle III bis V

VEP. Bei Nullinien EEG wurden in keinem Fall reproduzierbare VEP gefunden. In 4 Fällen wurde ein Fehlen der VEP bei noch teilerhaltener EEG-Aktivität beobachtet. In einem von 10 infratentoriellen Prozessen wurde nach Apnoe noch ein regelrechtes VEP registriert. Bei 6 Patienten war die Amplitude des ERG nach dem Erlöschen der VEP größer als vor dem Apnoetest.

BAEP. Bei 42 von 97 Patienten war bei der Erstuntersuchung die Welle III bis V beidseits vor dem Apnoetest erhältlich (s. Abb. 1). Das schrittweise Erlöschen der Welle III bis V konnte beidseits bei 40 Patienten beobachtet werden. Da bei 10 Patienten eine primär infratentorielle Läsion vorlag, war das Erlöschen der BAEP bei 30 von 97 Patienten relevant für die Hirntoddiagnostik. Nach dem Apnoetest waren bei 4 Patienten beidseits die Welle I, davon bei einem Patienten auch einseitig die Welle II erhältlich (s. Abb. 2).

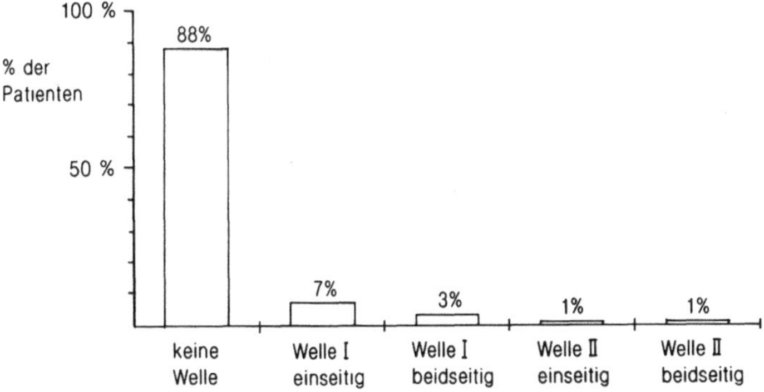

Abb. 2. Nach dem Apnoetest ist in weniger als 10% noch die Welle I oder II ein- oder beidseits erhältlich

Diskussion

Bei Fehlen von jeweils SEP, VEP oder BAEP ohne apnoeische Hirnstammare-
flexie konnten wir bisher wiederholt ein Überleben beobachten. Während SEP
und VEP für die Hirntoddiagnose von geringem praktischen Wert sind, da ihr Er-
haltensein den Hirntod zwar ausschließt, ihr Fehlen die Irreversibilität des Hirn-
funktionsverlustes nicht beweist, erschien bei Erlöschen der BAEP nach dem
Apnoetest bei einer primär supratentoriellen Läsion ein Zweifel an der Diagnose
Hirntod in keinem der untersuchten Fälle berechtigt.

Auch ein Fehlen der Welle II bis V bei Erhalt von Welle I bei erhaltenem Hu-
stenreflex und Spontanatmung konnte beobachtet werden, wodurch die enge Begrenzung des Aussagewertes der BAEP deutlich wird. Der Grund für die Forde-
rung nach Verlaufsuntersuchungen im Hirntod war die Sorge, der Funktionsaus-
fall der peripheren Rezeptoren könne einen Funktionsverlust der intrazerebralen
Hörbahn vortäuschen. Bei beidseits erhaltener Welle I ist bereits der Erhalt des
peripheren Rezeptors gewährleistet. Allerdings würde der Verzicht auf Verlaufsuntersuchungen in diesen Fällen eine Erweiterung der Anwendbarkeit der evozierten Potentiale von nur ca. 5% erbringen. Bei dem hohen Prozentsatz von primär ausgefallenen BAEP kann bei ca. 30% der Patienten einer neurochirurgischen
Wachstation, die ein Hirntodsyndrom entwickeln, damit gerechnet werden, daß
evozierte Potentiale für die Hirntoddiagnose relevant werden. Dies ist nur möglich, wo routinemäßig bei allen bewußtlosen Patienten evozierte Potentiale registriert werden.

Die vorliegende Arbeit wurde durch ein Stipendium der Deutschen Forschungsgemeinschaft Fi 390/2-1-857/88 ermöglicht.

Literatur

1. Firsching R (1991) Evoked potentials in head injury. In: Vigouroux RP, Frowein RA
   (eds) Cerebral contusions, lacerations and hematomas. Springer, Wien New York
   3:229–254
2. Wissenschaftlicher Beirat der Bundesärztekammer (1986) Kriterien des Hirntodes. Ent-
   scheidungshilfen zur Feststellung des Hirntodes. Dtsch Ärztebl 83:2940–2946

Sachverzeichnis